点亮心灯

上10堂说故事的哲学课

博文 / 编著

中国华侨出版社

图书在版编目(CIP)数据

上 10 堂说故事的哲学课/ 博文编著.—北京：中国华侨出版社,2010.10(2015.3 重印）

ISBN 978-7-5113-0751-4-01

Ⅰ.①上…　Ⅱ.①博…　Ⅲ.①人生哲学-通俗读物　Ⅳ.①B821-49

中国版本图书馆 CIP 数据核字（2010）第 196582 号

上 10 堂说故事的哲学课

编　　著 /	博　文
责任编辑 /	李　晨
责任校对 /	胡首一
经　　销 /	新华书店
开　　本 /	787×1092 毫米　1/16 开　印张/18　字数/330 千字
印　　刷 /	北京建泰印刷有限公司
版　　次 /	2011 年 1 月第 1 版　2015 年 3 月第 2 次印刷
书　　号 /	ISBN 978-7-5113-0751-4-01
定　　价 /	33.00 元

中国华侨出版社　北京市朝阳区静安里 26 号　邮编:100028
法律顾问:陈鹰律师事务所
编辑部:(010)64443056　64443979
发行部:(010)64443051　传真:(010)64439708
网址:www.oveaschin.com
E-mail:oveaschin@sina.com

前 言

故事是人家的故事，哲理是人类的哲理，人生是我们的人生。

在读这本书之前，我们先来看一个故事：

一匹战马驰骋疆场多年，立下过赫赫战功。它当过将军的坐骑，因为不止一次地救了将军的命而受到整支部队的拥戴。

后来，这匹战马在一场战斗中受了伤，被送到后方养伤。这次的伤很重，战马再也不能冲锋陷阵了，于是等它伤好后，部队就把它卖给了一位跛腿的农夫。

一天，当农夫给这匹马套上辔头，让它到磨坊里拉磨时，马哭了。

"伙计，我虽然不算富裕，但却并不曾亏待于你，你为什么要哭呢？"农夫听到哭声，好奇地问马。

"我哭，不是因为你亏待了我，我是为自己的命运而哭泣的。你可曾知道，我以前是一匹功勋卓著的战马，枪林箭雨都不怕。而今，我却要与笨重的石磨相伴一生了。你说，难道我不该哭吗？"

农夫笑了："你恐怕不知道吧，我以前也是一名勇敢的士兵，曾经因为作战勇敢而获得过军功章。后来，在一次战斗中，我的腿断了，伤好以后再也不能像以前那样勇猛地冲锋了，于是我便退伍回乡做了个农夫。可是，我并没有觉得现在的生活与以前有什么差别啊！你看，我每天不是都过得很快乐吗？"

读过这个故事，你肯定会若有所思。这个故事告诉我们：人生就是这样，怀念过去的荣耀是人之常情，可是，当你为错过太阳而痛哭流涕时，你同样也会错过灿烂的群星。

  一个最简单的故事，足以给我们最意味深长的人生启示！本书是一本故事书，课虽只有10堂，故事却有百篇。每一篇故事都可以给我们带来最深的心灵冲击，让我们懂得最简单同时也是最深刻的人生哲理；每一篇故事都可以成为一盏明灯，为我们照亮人生之路上最黑暗的角落，让我们的心灵得到慰藉。

  故事是短小的故事，哲理是精辟的哲理，其中包含的，却是人生的智慧。

  故事虽是人家的故事，哲理虽是全人类的哲理，但从中吸取的营养，却可以丰富我们自己的人生。

  哲学揭示着世界的本源，让我们用这一堂堂哲学课，一个个哲理故事来填饱自己的心灵，让我们的生命更富意义，让我们的灵魂得到安宁。

目 录

第 1 课
学会感恩，就能创造一切

"感恩的心，感谢有你，伴我一生，让我有勇气做我自己。"歌中唱得多好啊！空中，落叶在盘旋，谱写着一曲美丽动人的感恩的乐章，那是大树对滋养它的大地的感恩；空中，白云在飘荡，描绘着那一幅幅感人的画面，那是白云对蓝天的感恩。对于那些帮助过我们，于我们有恩的人，让我们用一颗感恩的心去报答他们吧！请记住这句话：学会感恩，就能创造一切。

蚂蚁的感恩 / 滴水之恩当涌泉相报	002
穷小孩的蜡烛 / 感恩，让人间充满温暖	003
装满黄金的破袍子 / 知恩图报的故事，永远都是传奇	004
感恩的心 / 懂得感恩让人更加优秀	005
孝顺的小汤姆 / 感恩，人心中最柔软的情感	006
霍金的追求 / 感恩的心让人格变得伟大	007
任伯年学画 / 知遇之恩，永不相忘	008
谁是你的佛 / 母亲才是我们最值得感激的人	010
一只报恩的老鼠 / 鼠尚报恩，人何以堪	011

邮给自己的信 / 感恩之心,虽经岁月洗礼,永不磨灭 ………… 012

紫荆树的故事 / 兄弟如手足,岂能恩断义绝 ………… 013

尼古拉的故事 / 养育之恩,永难相报 ………… 014

十五两银票 / 知恩不报的人绝没有好下场 ………… 015

感谢上帝没让我变成火鸡 / 用感恩的心来看待生活 ………… 017

一串葡萄 / 感恩之心永无止境 ………… 018

老乞丐的愿望 / 工作是上帝对人类的最大恩赐 ………… 019

第2课

求人不如求己

求人不如求己,总想着依靠他人的帮助的人,是无法完成任何伟大事业的。让我们做自己的观世音菩萨吧!因为这个世界上,任何人都不可能比我们自己更可靠。

不再求人的小男孩 / 想成功只能靠自己 ………… 022

军官阿瑟 / 走自己的路,让别人说去吧 ………… 023

暴君的"飞马" / 机会要靠自己去创造 ………… 024

命运在谁手里 / 掌握自己的命运,但求无愧于心 ………… 025

坚强的伐木工 / 只有自己才能救自己 ………… 026

我是狮子还是驴 / 你是什么,只有你自己说了算 ………… 028

狮子的烦恼 / 把握自己,超越自己 ………… 029

搁浅的大鱼 / 靠自己,做命运的主人 ………… 030

放牛娃遇虎 / 除了自己,没人能救你 ………… 031

清洁工出身的电影明星 / 成功的路只能自己走 ………… 033

老人与驴 / 做一个有主见的人 ………… 034

种土豆的小松鼠 / 自己才是自己的救世主 ………… 035

没看到我之前,请不要做决定 / 没有机会,那就自己创造机会 ………… 037

乌龟的迷茫 / 坚定信念,靠自己把握人生的航向 ………… 038

想做官的张从德 / 靠自己,脚踏实地 …………………………… 040
传教士的故事 / 让机会为自己服务 …………………………… 041
一无所求的雪窦禅师 / 不做裙带关系的"寄生虫" …………… 041
懒汉鱼 / 世上没有免费的午餐 ………………………………… 042
迷路的袋鼠 / 别拿他人当自己的救命稻草 …………………… 043
小蜗牛的故事 / 不靠天,不靠地,我们靠自己 ……………… 045
三块钱 / 机会不是等来的 ……………………………………… 046
自己的圣人 / 只有自己才能成就自己 ………………………… 047
麻风病人的困扰 / 没人帮你,那就自己帮自己 ……………… 048
大难不死的矿工 / 我们所能控制的只有自己 ………………… 049
云雀搬家 / 求人不如求己 ……………………………………… 051
彩蝶、橘树和蜘蛛 / 人要自食其力 …………………………… 052
不愿吃美食的狼 / 独立和自由才是人生的真谛 ……………… 053

第3课

放下了,你便拥有了

"天之道,损有余而补不足。"这句话并非出自《九阴真经》,而是出自老子的《道德经》,意思是:减损有余而补充不足,这是自然的法则。老子在这里想要传达给我们的,就是一种关于"舍"和"得"的思想。一个人如果一味地索取,那么他最终什么都得不到;如果换一个思路,先舍弃一些东西,那么他反而会有意外的收获。人生就是这样:放下了,你便拥有了。

生在鸡窝里的鹰 / 安逸的生活并不值得眷恋 ………………… 056
一个空花盆 / 舍弃该舍弃的,留住该留住的 ………………… 057
皮尔·卡丹的来历 / 有时,梦想并不是非坚持不可 ………… 058
陶渊明弃官隐居 / 付出也是一种放弃 ………………………… 060
如果再进去一只 / 人生最忌犹豫不决,患得患失 …………… 061
青年的烦恼 / 原来生命可以不必如此沉重 …………………… 062

想要的生活 / 我们为什么这样执著 ········· 063

樵夫和草莓 / 不能得到就要勇敢放弃 ········· 065

富翁吃瓜 / 学会选择,勇于放弃,着眼未来 ········· 066

苍蝇和蜂蜜 / 不要被贪欲所控制 ········· 067

魔鬼的钱袋 / 贪得无厌的下场 ········· 068

聪明的博士 / 懂得放弃才有收获的资格 ········· 069

两个西瓜 / 放弃,也是一种成本 ········· 070

农夫弗莱明 / 放弃不属于自己的,往往会得到更大的收获 ········· 071

贪心的乞丐 / 适可而止也是一种智慧 ········· 072

保罗的烟瘾 / 有些东西,真的留不得 ········· 073

搁浅的水怪 / 自尊也并非不可放弃 ········· 074

象棋中的智慧 / 为了最重要的东西,我们不妨舍弃一些次要的 ········· 076

农夫的独木舟 / 放弃的智慧 ········· 077

第4课

一切都会过去,一切都会改变

人生在世,终究不可能一帆风顺,苦难和挫折是不可避免的。我们常说"苦难是所最好的学校",但同时,苦难也可能会成为我们人生的"监狱"。是"学校"还是"监狱",这取决于我们自己,取决于我们自己对待苦难的心态。请坚信"一切都会过去,一切都会改变",让我们用一颗坚强的心去迎接那些苦难吧,把那些苦难变成我们成长的学校。

野百合的春天 / 只要努力,一切不如意终将过去 ········· 080

胆小的兔子 / 恐惧生于臆测 ········· 081

屎壳郎的哲学 / 处变不惊 ········· 083

穷人的房子 / 痛苦? 没什么大不了的 ········· 084

人生之路 / 没有一帆风顺的人生 ········· 085

不服输的林肯 / 顽强的意志成就辉煌的人生 ········· 087

狂妄的小土豆 / 心态决定命运 …………………………………… 089
蜂蜜 / 用平和的心态面对挫折 …………………………………… 091
只要斧头还在 / 在灰烬中重头再来 ……………………………… 092
失败的应聘者 / 承受失败，做一个顽强的人 …………………… 093
小虾的勇气 / 困难像弹簧，你弱它就强 ………………………… 094
被撕破的20美元 / 生命永远不会贬值 ………………………… 095
脚比路长 / 不要理会困难，顽强地走下去 ……………………… 096
掉进奶油桶的青蛙 / 自信，让困难退避三舍 …………………… 097
凡尔纳的退稿信 / 乌云过后就是晴天 …………………………… 098
不过是回到从前而已 / 豁达地面对人生 ………………………… 099
倒霉的小虎鲨 / 不要被困难所击倒 ……………………………… 101
两个老太太 / 任何困难都敌不过进取心 ………………………… 102
幸运的孪生兄弟 / 顶住压力，实现生命的意义 ………………… 103
推铁球的推销大师 / 坚持，成功就在前方 ……………………… 104
真正的男子汉 / 跌倒了再爬起来 ………………………………… 105
两块石头 / 挺住，成功就在不远的前方 ………………………… 106
爱好写作的希尔丽 / 坚信自己一定能成功 ……………………… 108
东山再起的马修斯 / 我们并没有失去自己的全部 ……………… 109

第 5 课
人生没有轮回，唯有珍惜

人生苦短，匆匆数十年就好似白驹过隙。在我们的一生中，有太多有意义的东西值得我们去珍惜。可是，我们常常舍弃了自己那些珍贵的东西，对于那些无关紧要的东西却抱紧不放，非要等到白发苍苍的时候蓦然回首，才发现原来自己一辈子做的都是舍本逐末的事情。人生没有轮回，不可能重头再来；世间没有后悔药，唯有珍惜。

天使亚纳尔 / 只有失去了，才会懂得珍惜 …………………… 112
瞎爷的故事 / 珍惜拥有的一切，幸福就是这么简单 …………… 113
富翁的好酒 / 重视不等于珍惜 …………………………………… 114
困惑的国王 / 最重要是把握现在 ………………………………… 115
任性的小马驹 / 幸福就在身边，我们却不懂珍惜 ……………… 116
一颗糖的幸福 / 珍惜自己的一切，幸福真的很简单 …………… 118
特德的致富之路 / 珍惜身边的一点一滴 ………………………… 118
地主的遗言 / 再多的钱也买不回浪费掉的生命 ………………… 120
见异思迁的楚王 / 珍惜每一刻 …………………………………… 121
细心的山羊 / 杜绝一切浪费 ……………………………………… 122
愚蠢的陶邱 / 别为了明天忧虑而放弃今天的幸福 ……………… 122
海星们的救世主 / 做自己认为有意义的事就是珍惜生命 ……… 123
纸上婚变 / 往往最平凡的东西才最值得珍惜 …………………… 124
老虎之死 / 理想往往并不是最适合自己的，要珍惜当下 ……… 126
端在手里的生命 / 对待生命唯有两个字"珍惜" ………………… 127
一袋宝石 / 时间就是那不断被我们丢弃的宝石 ………………… 128
银鸟？金鸟？ / 身边的事，再平凡也要珍惜 …………………… 129
富兰克林卖书 / 珍惜时间就是珍惜生命 ………………………… 130
有着非凡亲和力的女孩 / 把每个人都当做自己的宝贝 ………… 131

第6课

幸与不幸，只在一念之间

　　幸与不幸，只在一念之间，这是一些关于心态的故事。我们常常用一个词来形容大海，这个词是"变化莫测"，但比大海还要难测的，则是人心。幸福，这是每个人都希望得到的，但什么是幸福，从古到今都没有一个明确的定义。幸福在哪里？幸福就在我们的心里，就在我们的一念之间。只要我们有一个好心态，我们就是幸福的。

勇者为王 / 打破心灵的枷锁 ……………………………………… 134

蛊病 / 心态是最好的良药 ………………………………………… 135

两只猴子 / 心态决定命运 ………………………………………… 137

披着兽皮的猎人 / 自负不是种好心态 …………………………… 138

铁索桥 / 用平和的心态来克服困难 ……………………………… 139

还有什么好担心的呢 / 好事还是坏事只在我们的一念之间 …… 141

半朵牡丹 / 用宽容的心态对待世界的不完美 …………………… 142

有裂缝的水罐 / 缺陷往往并不值得自卑 ………………………… 143

裁员 / 相信自己，我很重要 ……………………………………… 144

谁才是真正的主角 / 把自己当成生活的主角 …………………… 145

一根美丽的的羽毛 / 骄傲是一杯毒酒 …………………………… 147

雷诺的毒酒 / 不幸发生了，悲伤有什么用 ……………………… 148

三遍鸡鸣 / 坚持到底是成功者的法宝 …………………………… 149

卖豆子的快乐 / 机遇源于乐观的心态 …………………………… 150

过桥 / 克服恐惧，勇往直前 ……………………………………… 151

驴子的经验主义 / 别让投机心理拖了我们的后腿 ……………… 152

哲学家的传人 / 不要看轻自己 …………………………………… 153

无上的神力 / 面对钱财，摆正心态 ……………………………… 155

快乐的穷邻居 / 金钱并不等于欢乐 ……………………………… 156

赵襄王驾车 / 欲速则不达 ………………………………… 158

我的舌头不是还在吗 / 学学张仪的乐观精神 ………… 159

牧羊人的烦恼 / 很多事，根本不必太在意 …………… 160

请假出去打工的教授 / 让乐观心态永驻心间 ………… 162

齐桓公遇鬼 / 没事不要自己吓自己 …………………… 163

两马克 / 用豁达的态度来面对不幸 …………………… 165

真心笑容 / 用轻松的心情笑对人生 …………………… 166

第7课

快乐来自宽容，无欲则刚是真理

人如何才能快乐？一个人所拥有的和他想得到的之间的差距越小，这个人就越快乐。世界上最大的痛苦就是求而不得，求而不得就是人的欲望无限制地膨胀的结果。我们虽然不能消灭欲望，却可以控制自己的欲望，只要不让私欲膨胀，我们就是快乐的。记住，无欲则刚才是快乐的真谛。

不肯走路的骡子 / 转移自己的不快 …………………… 172

一代名臣娄师德 / 宽以待人，贤士品格 ……………… 173

贫困的两兄弟 / 控制自己的欲望，知足者常乐 ……… 174

金砂 / 被贪婪毁掉的幸福生活 ………………………… 176

一对法国老夫妻 / 抛开忧愁，过轻松快乐的生活 …… 177

富翁的愿望 / 体味生活的乐趣 ………………………… 178

快乐的根 / 快乐，从心开始 …………………………… 179

农夫的快乐 / 只有知足，我们才会没有烦恼 ………… 180

把快乐藏在哪 / 幸福和快乐就藏在我们自己的心里 … 182

一颗宽容的心 / 用广阔的心胸来化解世上的忧愁 …… 183

什么是气 / 别用他人的过错来惩罚自己 ……………… 184

我想要一条鱼 / 只有能都得到的东西，才有价值 …… 185

乡巴佬吃盐巴 / 贪婪让生活变得苦涩 ………………………………… 186

心安草的智慧 / 攀比是烦恼的祸根 …………………………………… 187

不要金子的穷人 / 贪欲永无止境 ……………………………………… 188

贪心的狐狸 / "多多益善"可不是什么好想法 ………………………… 189

牛棚里的将军 / 宽容,解放自己,拯救他人 …………………………… 190

雕花弓 / 虚荣心害人不浅 ……………………………………………… 191

欲望之钵 / 淡泊处世,别做欲望的奴隶 ……………………………… 192

随缘 / 心无挂碍,随遇而安 …………………………………………… 194

陶罐与铁罐 / 平和与宽忍 ……………………………………………… 195

你是个什么官 / 用宽广的胸怀展示人格的魅力 ……………………… 197

猎豹的遗言 / 欲望过多的下场 ………………………………………… 199

第 8 课

沟通,往往比拳头更能解决问题

人是社会的动物,只要我们还活在这个世上,就不可避免地要和其他人打交道。但是如何与他人打交道,这就是一门学问了。比方说,如果有人得罪了我们,那怎么办?揍他?骂他?还是永远不再理他?事实上,在现代社会,沟通永远要比拳头更能解决问题。在这个世界上,没有讲不通的道理,只有不讲道理的人;没有不能沟通的事,只是人们不懂得如何去沟通罢了。

买衣服 / 沟通,解决问题的法宝 ……………………………………… 202

刘邦骂韩信 / 一句软话,让自己转危为安 …………………………… 203

道歉的力量 / 服个软,什么事情都好说 ……………………………… 204

祝福 / 眼泪也是沟通的有效武器 ……………………………………… 205

太太的生日礼物 / 巧舌如簧,缔造"双赢的沟通" …………………… 206

机警的李莲英 / 一句妙语,化解尴尬窘境 …………………………… 207

狮王的领导哲学 / 自我批评,让沟通变得事半功倍 ………………… 209

谁在亵渎佛祖 / 恶意中伤只能自取其辱 ········· 210
加错燃料 / 沟通意识的胜利 ················· 211
乐师巧谏魏文侯 / 委婉的劝告更能打动人心 ······ 212
精明的老总 / 各退一步,双方都有台阶下 ········· 213
晏子的赞美 / 与人沟通时,最要考虑的是对方的感受 ···· 214
马吃庄稼 / 沟通,也得讲究方式 ················ 215
三条大罪 / 正话反说往往会有出人意料的效果 ······ 216
一双筷子 / 永远别让别人下不来台 ············· 217
杜月笙计救亲子 / 软硬兼施,沟通的必胜法宝 ····· 218

第9课

一声朋友,情暖一生

"朋友不曾孤单过,一声朋友你会懂。"多么经典的歌词。风雨人生路,朋友可以为你挡风寒,为你分忧愁,为你解除痛苦和困难,朋友时时会向你伸出友谊之手。朋友是你登高时的一把扶梯,是你受伤时的一剂良药;朋友是金钱买不来的,只有真心才能够换来。一声朋友,情暖一生。

苟巨伯不弃病重之友 / 只有经历过风雨,才能检验出友谊的纯度 ···· 222
你先说 / 与朋友相处,别怕吃亏 ················ 223
骡子和铃铛 / 坚持原则的,才是好朋友 ··········· 224
二次创业 / 帮助身处困境中的朋友 ············· 225
管鲍 / 友谊,就是真正的相互扶持 ·············· 226
"红顶商人"胡雪岩 / 朋友,就是要投桃报李 ······· 228
漂亮的表妹 / 亲君子,远小人 ················· 229
小鹿与羚羊 / 友情也需要空间 ················ 230
熊来了 / 患难见真情 ······················· 231
季雅与吕僧珍 / 选一个道德高尚的好朋友 ········ 232

刺猬取暖 / 就算再好的朋友,也不要过分亲密 ………………………… 233

李四的朋友们 / 别戴着有色眼镜看人 ………………………………… 234

沉默的狗 / 真正的朋友,是平时沉默,关键时拉你一把的人 …………… 235

青蛙的悔恨 / 交朋友别太势力 ……………………………………… 236

"狡猾"的狐狸 / 永远别背叛自己的朋友 …………………………… 237

贪婪的牧羊人 / 新朋友老朋友要一视同仁 ………………………… 238

老人与熊 / 蠢朋友,害死人 ………………………………………… 239

猫和老鼠做朋友 / 交友不慎害死人 ………………………………… 240

苍蝇的朋友 / 交友求质不求量 ……………………………………… 243

驴子交友 / 从一个人的朋友身上就可以看出他的品质 ……………… 243

小老鼠找朋友 / 交友切忌以貌取人 ………………………………… 244

第10课

花开无声,爱要经营

爱是生命的渴望,情是青春的畅想,爱情的意义在于:让智慧和勤劳酿造生活的芳香,用期待与持守演绎生命的乐章,用真诚和理解谱写人生的信仰。但是,仅仅是一句简简单单的"我爱你"就是爱情了吗?爱情虽是一种感情,但却需要经营,只有悉心经营自己的爱情,爱情这棵埋藏才两个人心中的幼苗才能够开花结果,长成一棵枝繁叶茂的参天大树。

驯服狮子的女人 / 善待自己的另一半 ……………………………… 248

同心锁 / 对待爱情勿需刻意,一切随缘 …………………………… 249

神秘的送礼人 / 关爱是经营爱情的最好武器 ……………………… 250

一生相伴 / 最伟大的爱情就是无论幸福还是痛苦,不离不弃 ………… 251

爱的匹配 / 我们需要一个爱自己的人,他不用是世界上最好的 ……… 252

完美丈夫 / 世上没有完美无缺的人 ………………………………… 253

鹞子求婚 / 别轻信所谓的海誓山盟 ………………………………… 254

被磨灭的爱情 / 别怕，婚姻就是各种琐事的结合体 ·············· 255

一捧细沙 / 爱情不能抓得太紧 ································ 256

刹车 / 面对不正常的爱情，要勇敢地踩下刹车 ·············· 257

善良的渔翁夫妇 / 过分的爱只会给别人造成伤害 ············ 258

关在笼子里的金翅雀 / 爱一个人，就要给他自由和尊重 ······ 259

鹿小姐的爱 / 谁也无法从自己不爱的人身上得到幸福 ········ 259

比武招亲 / 容貌，真的没那么重要 ·························· 261

失恋的女孩 / 别为逝去的爱情掉眼泪 ······················ 263

狐狸一家的婚姻生活 / 爱情死于相互间的冷漠 ·············· 264

痴情的海龟 / 无论贫穷还是富贵，对自己的另一半不离不弃 ·· 265

天使的爱情 / 纵使爱到发狂，也不能剥夺别人飞翔的权利 ···· 266

不愿回应爱情的少女 / 爱情不能只知索取 ·················· 268

第1课

学会感恩,就能创造一切

"感恩的心,感谢有你,伴我一生,让我有勇气做我自己。"歌中唱得多好啊!空中,落叶在盘旋,谱写着一曲美丽动人的感恩的乐章,那是大树对滋养它的大地的感恩;空中,白云在飘荡,描绘着那一幅幅感人的画面,那是白云对蓝天的感恩。对于那些帮助过我们,于我们有恩的人,让我们用一颗感恩的心去报答他们吧!请记住这句话:学会感恩,就能创造一切。

蚂蚁的感恩

滴水之恩当涌泉相报

一只蚂蚁在河边喝水，不小心滑到了河里。蚂蚁在河里时沉时浮，大声呼救。这时正好斑鸠到河边喝水，看见蚂蚁在河里挣扎求生，就衔起一根树枝，丢给蚂蚁，蚂蚁得救了。

事后，斑鸠早就忘记了这件事，但蚂蚁心存感恩，一直想要图报，于是就在斑鸠的巢附近做窝。

有一天，斑鸠站在树枝上休息，被一个猎人发现了，用猎枪瞄准斑鸠。蚂蚁看到这种情形，飞快地爬到猎人身上，在他的眼皮上狠狠咬了一口，猎人痛得惨叫一声，子弹打到天上去了。斑鸠看到蚂蚁不顾自己的安危，及时搭救，非常感激，就对蚂蚁道谢。

蚂蚁说："要不是你在河边救了我，我早就被河水淹死了，我这辈子还不知道怎么谢你呢！"

又有一天，斑鸠在菜园里觅食，不小心被主人做的陷阱扣住了，它大声地呼救。蚂蚁听见了，就把所有的同伴都叫来，大家齐心合力咬坏了陷阱，把斑鸠救了出来。斑鸠再度向蚂蚁道谢，蚂蚁还是说："你救了我的命，我这辈子还不知道怎么谢你呢！"

斑鸠到处宣扬蚂蚁的感恩，它说："蚂蚁的身体虽小，它的感恩之心却是身体的千百万倍！"

因为感恩才会有这个多彩的社会，因为感恩才会有真挚的友情，因为感恩才让我们懂得了生命的真谛。

哲思 落叶在空中盘旋，谱写着一曲感恩的乐章，那是大树对滋养它的大地的感恩；白云在蔚蓝的天空中飘荡，描绘着一幅幅感人的画面，那是白云对蓝天的感恩。正所谓"滴水之恩,当涌泉相报",试着用一颗感恩的心来体会生活,你会发现不一样的人生。

穷小孩的蜡烛

感恩,让人间充满温暖

一位单身女子刚刚换了工作,因此,她在公司附近租了一间房子,以免受每天早晚高峰之苦。住在这个单身女子对门的是一家三口,一个寡妇带着两个孩子,日子过得紧巴巴的。

有天晚上,那一带忽然停了电,那位女子只好自己点起了蜡烛。不一会儿,女子忽然听到有人敲门,女子心里非常不安,但又不能不应,于是她把门打开了一个小缝。

原来是对门的穷小孩,穷小孩紧张地问:"阿姨,请问你家有蜡烛吗?"女子心想:"他们家竟然穷到连蜡烛都买不起吗?人越穷就越刁,千万别借给他们,免得被他们缠上了!"

于是,她粗暴地对那个孩子吼道:"没有!"正当她准备关上门时,那穷小孩微笑着轻声说:"我就知道你家一定没有!"然后,从怀里拿出两根蜡烛,说:"妈妈说你一个单身女人,停电了没有蜡烛不行,所以让我带两根来送给你。"

女子的心被触动了,她流下了自责、感动的泪水,将那个穷小孩紧紧地拥在怀里。自此之后,单身女子经常去对门那里帮忙,两家亲得就像一家人一样。

哲思 这个世上充满了人情冷暖。但如果我们常怀感恩之心,便会更加感激和怀想那些有恩于自己却不言回报的每一个人。正是因为他们的存在,才有了我们今天的幸福和喜悦。感恩,就像阳光一样,带给我们温暖和美丽。

装满黄金的破袍子

知恩图报的故事，永远都是传奇

从前有户人家非常富有，漂亮的女主人心地善良，和蔼可亲，待人宽厚，乐善好施，是一个虔诚的佛教徒。

有一天，不知从什么地方来了个乞丐，在这家富户门外的大树下搭了个棚子，在那里安了家。那乞丐面色焦黄，身体羸弱，走起路来摇摇晃晃的，似乎随时都有死去的危险。

乞丐落魄的样子激起了女主人的善心，经常施舍些吃的给他，看到有饭吃，这个体弱多病的乞丐也就再不打算离开了。看到乞丐的身体渐渐好转，女主人干脆将他收进了府中做了一个下人。

这个乞丐在这家富户府里一住就是很多年。后来，乞丐得了重病，奄奄一息，当善良的女主人来看他的时候，乞丐对女主人说："我承蒙收留，在府上寄居多年，身受大恩无以为报，这许多年来我所能做的事，就是每晚都替府上巡视，因此许多年来府上没有遭遇过小偷和盗匪的惊扰。现在我就快死了，我也没有别的财产，随身只有一件破烂的袍子，现在我把它送给您，用它来表达我对您的感激。您可千万别把它看做是污秽的东西而抛弃掉，至于我死后，您找个地方随便把我埋了就行。"

听了乞丐这番话，善良的女主人一阵心酸，她急忙从乞丐颤抖的手中接过那件破袍子，她发现那件破袍子特别的沉重，好像里面夹着什么东西一样。

到了晚上，女主人在油灯下拆开一看，才发现那破袍子中装了翡翠珍宝。女主人大吃一惊，连忙向人四处打听，这才知道原来很早以前那个乞丐是个强盗，他做了一笔大案之后，虽然逃过了官府的追捕，但也身受重伤，无奈之下便以讨饭为生，行至这户富家之后，感觉女主人非常宽厚，对他不薄，因此才每晚替她看家护院，并在临死时将最后那次所得到的财物送给女主人作为报答。

哲思 实际上，女主人对这个强盗有救命之恩，如果不是女主人心地善良，这个强盗恐怕早就伤重死在女主人家门口了。绿林豪杰最重恩义，女主人救了这强盗一命，强盗也就心甘情愿地在她家里做个下人，替她看家护院了，并且还在临终时将自己所有的一切都报答给了女主人。知恩图报的故事，永远都是传奇，流传在每一个懂得感恩的人中间。

感恩的心

懂得感恩让人更加优秀

有一个学习计算机的年轻人，大学毕业之后立志来北京发展，然而一个月过去了，他依然没能在北京找到理想的工作，可是身上的钱却快要花光了。

有一天，他在报纸上发现了一则招聘启事，一家电脑公司要招聘各种电脑技术人员，但需要经过严格的考试。年轻人知道这是自己最后的机会了，他在报名后就潜心复习，后来终于在 300 多名报名者中脱颖而出。

在走上工作岗位后，年轻人才真正认识到自己在大学里学到的知识在工作中绝大多数都用不上，自己所要学习的还太多太多。因为公司每晚要留值班人员，但值班是个苦差使，家住本市的同事都不愿意干，于是这个年轻人就索性搬到公司去住，白天工作，晚上值班。同事们下班后，他就在办公室拼命钻研电脑知识，比读大学的时候还勤奋。工作两个月后，他就已经成为公司的技术骨干了。

两年后，这个年轻人通过自己的努力考取了国际和国内网络工程师资格证书，成为了一名名副其实的网络工程师。几年过去了，随着公司的发展壮大，不到 30 岁的他凭借出色的业绩在这家公司拥有了很高的职位，并拥有了一定的股份，在公司里的前景一片光明。

当人们问起他的成功经验时，年轻人谦虚地说："其实也没什么，就是我懂得感恩，我有一颗感恩的心。我知道这份工作来之不易，于是我每天都用几分钟的时间，为自己能有幸拥有眼前的这份工作而感恩，为自己能进这样一家公司而感恩。这样，我便有了前进的动力，再苦再累的活也难不倒我了。"

哲思 在工作中，懂得感恩就意味着懂得如何去承担责任，因为没有责任感的员工不是一个优秀的员工。感恩让人们从自己的内心深处萌生责任意识，拥有感恩的责任意识让每一个人表现得更加卓越，更加优秀，更加受人尊敬。

孝顺的小汤姆

感恩，人心中最柔软的情感

小汤姆是一个只有5岁的男孩。小汤姆的父亲是个老酒鬼，他整日酗酒，喝醉了以后就打骂他们母子俩。那段日子母子俩相依为命，父亲的残暴让他们只能把泪水往肚子里咽。

终于，小汤姆的父亲由于饮酒过度，在小汤姆8岁那年死了。这以后就靠母亲一个人维持这个家，小汤姆还清晰地记得母亲在烈日下弯着腰锄草、耕地的样子，岁月的风霜，渐渐侵蚀了母亲原本光滑的面颊。懂事的小汤姆不忍心看到母亲如此辛苦，于是就去一个富翁家里做小工挣钱来补贴家用。

一天，那个富翁家的小孩过生日，富翁夫妇给他们的儿子买了一个很大的生日蛋糕，就连小汤姆也分到了一块。可是，小汤姆并没有吃，他把蛋糕藏到了另一个房间。这还是小汤姆第一次看到生日蛋糕，他也很想尝一下，就连口水都要流出来了。但当他忍不住想咬一口的时候，小汤姆的脑海里浮现出了母亲的身影，于是，小汤姆把蛋糕包了起来，决定把得来不易的蛋糕留给母亲。

小汤姆终于等来了回家的机会，他高兴地跑回家，拿出了包得严严实实的蛋糕递给了母亲。母亲看到了小汤姆拿回来的蛋糕，感动得说不出话来，只是一个劲儿地流眼泪，可谁都知道，那是幸福的泪水。普天之下任何一个母亲，都会因为拥有这么一个懂事的孩子而感到无比欣慰。

哲思 亲情是世界上最伟大的情感。儿子和母亲无论在贫穷中，在困境中,还是在生活的阴影中,他们的心中都流着相同的血,母与子的心灵融为一体,永远不会分开。孝顺的小汤姆的故事让我们知道了一颗感恩的心是如此的令人感动,触动着我们每一个人内心深处最柔软的地方。

霍金的追求

感恩的心让人格变得伟大

斯蒂芬·霍金博士是当今世界上最伟大的科学家之一。他是智慧的英雄,更是生命的斗士。

有一次,霍金博士来到了哈佛大学作学术报告。在学术报告结束之际,一位年轻的女记者面对这位已在轮椅上生活了30余年的科学巨匠,深深敬仰之余,又不无悲悯地问:"霍金先生,卢伽雷氏症已将你永远固定在轮椅上,你不认为命运让你失去太多了吗?您相信命运吗?"

这个女记者的提问无疑有些不合时宜,显得是那样的突兀、尖锐不近人情,报告厅内顿时鸦雀无声。而霍金博士的脸上却依然是恬静的微笑,他用还能活动的手指,艰难地敲击键盘,于是,随着合成器发出的标准伦敦音,宽大的投影屏上缓慢而醒目地显示出了如下一段文字:

我的手指还能活动,

我的大脑还能思维,

我有终生追求的理想,

有我爱的和爱我的亲人和朋友,

对了,我还有一颗感恩的心。

在几秒钟的静默之后,掌声雷动。人们用饱含热泪的双眼凝望着这位非凡的科学家,心中满怀着对这位不朽伟人的由衷敬意。

哲思 常怀一颗感恩的心,将使你不再浪费生命,悲叹命运的不公;不会使你目光短浅,只看到自己的不幸,而失去快乐的机会。带着感恩之心看问题,就只能看到自己所拥有的原已足够；看到这个世界的种种美好之处。正是这颗感恩的心，让霍金博士的灵魂得以升华，塑造了他的伟大人格，让他有勇气去对抗命运的不公。

任伯年学画

知遇之恩，永不相忘

任伯年是近代一位杰出的画家，他从小酷爱画画。任伯年之所以能成名，不仅得益于他的才华，更得益于一段与著名画家任熊的特殊因缘。

任伯年14岁时就只身前往上海学习绘画，不过家境贫寒的他只能在一家扇庄当学徒，跟着扇庄的师父学习画扇面。为了养活自己，他经常拿着自己在业余时间画的扇面，在上海街头摆地摊出售。可是，任伯年画的扇面销路并不好，常常一整天都卖不出一幅。这也难怪，真正懂艺术的人毕竟是少数，就算他画得再好，一个无名小卒随手画的扇面，有谁能瞧得起呢？

生活过得紧巴巴的，任伯年每天都十分忧愁。有一天，他在扇庄里看到两个酷爱绘画的有钱人，为能得到一幅当时享有盛名的画家任熊画的扇面而争得面红耳赤。这时任伯年突发奇想，为了摆脱艰难的生活，使自己能够继续学习画画，为什么不借用任熊的大名呢？想到这里，任伯年觉得是个机会，虽然不太道德，但也只能出此下策了。

于是，他就把自己画的扇面都题上了任渭长（任熊，字渭长）的名字。虽然和以前画的画一样，但题上任渭长的大名之后，来买扇子的人越来越多，任伯年业余时间做的生意就这样渐渐红火了起来。

任伯年不知道的是，浙江人任熊当时正好也住在上海。一天，任熊在街头闲逛，当他走过任伯年的地摊时，忽然眼睛一亮，他发现地摊上的扇面画得像模像样，似乎有一定的功底，就感兴趣地拿了两个扇子看了看。

忽然，任熊脸色一沉，显得很不高兴，原来扇面上的落款竟是自己的名字。

他十分不悦地问道:"这扇面是谁画的?"

任伯年不知对方是谁,随口答道:"是鼎鼎大名的任渭长画的。"

这下,任熊更感兴趣了,继续问道:"那么,任渭长是你什么人?"

任伯年按照早已想好的套路回答:"我的亲叔。"

任熊继续追问:"你见过他吗?"

见此人不买扇子,却穷追不舍,任伯年有点不耐烦了,他根本就没回答对方的话,而是直率地说:"你要买就买,不买就算了,何必打破沙锅问到底啊!"

任熊看着摆地摊的小伙子不像一般的奸诈商人,更像一个文弱书生,同时任熊也很喜欢他爽朗的性格,于是就和蔼地说:"我就是任渭长。"

听到这话,任伯年大吃一惊,随即羞愧得满脸通红恨不能找个地缝儿钻进去。看着他窘迫的样子,任熊心中一喜,急忙拦住他说:"不要难为情,小兄弟,这些扇面是你画的吗?"

任伯年羞愧地低下头说:"都是我画的,我从小就喜欢画画,但家里太穷了,只能卖扇面为生,可是署我的名根本没人买,没办法,为了糊口,我才做出了这等见不得人的事。"

两人聊了许久,渐渐地任熊了解到任伯年在上海举目无亲,孑身一人,虽然生活十分艰难,但仍刻苦学画时,就越来越喜欢他了,当下决定再不计较这件事,并且收任伯年为徒弟。到前辈大师的亲自指点,任伯年自然是十分高兴,于是他更加刻苦学习,精心研磨,最终成为了近代杰出画家。

但是,任伯年虽然成名,却始终不曾忘记任熊的知遇之恩,无论走到哪里,都自称是任熊的徒弟。

哲思 知遇之恩往往令人感慨不已。的确,没有高人的提携,许多人很难获得发展的机会。但是,一旦得到提携,能否终生保持对老师的感恩之心,从中就可以看出一个人的品行了。

谁是你的佛

母亲才是我们最值得感激的人

有个年轻人离开了自己的母亲,来到深山,想要拜佛以修得正果,任凭母亲怎么劝,都不肯回心转意。

这个年轻人在路上遇到了一个老和尚,于是便问他:"敢问大师,哪里有得道的佛?"

老和尚打量了一下年轻人,缓缓地说:"与其去找别人的佛,不如去找自己的佛。"

年轻人顿时来了兴趣,心想:难道我真的是有缘人吗?天下竟然有我自己的佛。于是忙问:"自己的佛?请问我的佛在哪里?"

老和尚说:"你现在就回家去,在路上有个人会披着衣服,反穿着鞋子来接你,那个人就是你的佛。"

年轻人拜谢了老和尚,开始启程回家,路上他不停地留意着老和尚说的那个人,可是他已经快到家了,佛也没出现。年轻人又气又悔,以为是老和尚欺骗了他。等他回到家时,夜已经很深了。他灰心丧气地抬手敲门,让母亲给自己开门。他的母亲听到自己儿子的声音以为他终于回心转意回家来了,于是急忙抓起衣服披在身上,连灯也来不及点着就去开门,慌乱中连鞋都穿反了。

年轻人看到母亲狼狈的样子,突然醒悟过来,一把抱住自己的母亲,流下了悔恨的泪水。

哲思 珍惜你的拥有,怀着一颗感恩的心生活,就能发现身边的佛。可是,当我们在寻找自己前途的时候往往却忘记了,母亲才是我们最应该感激、最应该报答的人。

一只报恩的老鼠

鼠尚报恩,人何以堪

在非洲辽阔的大草原上,群群野马奔跑着,蔚为壮观,而象群却在悠闲地踱步。由于贪玩,一头小象在不知不觉间脱离了象群,迷失在了茫茫大草原上。

夜幕降临,孤独的小象立在旷野之中,陷入了无助的境地。虽然此时小象的心里非常慌乱,但是它又渴又饿,竟然昏沉沉地睡着了。

这时,有只小老鼠跑到了小象身上,小象被小老鼠惊醒了,猛然站起身来抓住了小老鼠。小老鼠求小象饶命,并答应小象一定会知恩图报,善良的小象本也没有伤害小老鼠的意思,于是笑了笑便把小老鼠放走了。

不幸的是,没过多久,缺乏生活经验又找不到象群的小象,被一个猎人给抓住了。猎人用绳索把小象捆在一棵树上,继续打猎去了。内心满怀恐惧的小象,不住地哀鸣,这时被小象放生的小老鼠听到了小象的哀鸣,心想:不好,小象一定出事了,我要去看看它。

小老鼠跑到树旁,发现它的恩人小象被捆在一棵大树上。小老鼠知道小象被猎人抓住之后就只有死路一条,于是趁猎人还未赶回之前,拼命咬断了捆绑小象的绳子,放走了小象,以此来报答小象的活命之恩。

哲思 就连一只小小的老鼠都知道知恩图报,况且是我们人类呢?我们每个人生活在社会中,都无法离开他人而孤立地生存,任何人的成功都不是一个人努力的结果,背后都有无数人帮助我们、支持我们。那么,我们是不是也应该像那只小老鼠一样知恩图报呢?

邮给自己的信

感恩之心，虽经岁月洗礼，永不磨灭

约翰是一名邮递员，他每天都要给住在社区中的人们送信。每当他走到那位鹤发童颜的老者家时，老人总是早早地就等在门口，因为每天他都能收到来信。

当老人喊着约翰的名字，并从他手里接过信的时候，老人总是非常高兴，激动得像个孩子，甚至充满感激地伸出双手小心翼翼地接过信，然后郑重地放在口袋里。看着老人无比幸福的笑脸，约翰感到非常疑惑：到底是谁每天都给他寄信呢？

就这样过了好多年，老人每天都会收到一封信，从没有间断过。直到有一天，约翰照常给老人送信，却被邻居们告知老人已经去世了，他是在甜蜜的梦中安详地死去的，临死时，嘴角还挂着微笑。

后来，约翰听说，老人的远房亲戚在整理遗物时发现了老人每天都会收到信的秘密。原来，那些信件都是以前他和夫人互相写的情书。老人一遍又一遍地将它们寄给自己，是为了回忆那些美好的往事，纪念自己在十五年前就已经逝去了的爱人。

老人的心中充满了对夫人的爱恋，充满了感激。虽然老人平静地离开了这个世界，但是人们一定会记住他那颗虔诚而感恩的心。

哲思 感恩是一种情怀，是一种信念。感恩不是一句话、一个行动所能概括的。感恩是用一生的时间，用全部的身心去报答生活。这个老人对于夫人给自己的爱的感激之情，虽经几十年的时光的洗礼，但直到死都未曾磨灭。

紫荆树的故事

兄弟如手足，岂能恩断义绝

传说南朝时，田真、田庆、田广三兄弟不和，他们的父亲一死，三兄弟就吵着要分家。说分就分，别的财产都已分妥，就只剩下堂屋前的一棵紫荆树了。

夜晚，兄弟三人在树下商量怎样才能将紫荆树分为三份一人一份。小弟田广提议说，不如将荆树截为三段，每人分一段。两个哥哥也觉得只有这样分才更加公平，于是他们准备第二天就砍倒这棵紫荆树。

第二天，当大哥田真正准备动手去砍树时，竟然发现那棵树在一夜之间忽然枯死了，就仿佛被火烧过一样。大哥田真心有所感，对两个弟弟说："这树本是一条根，听说我们要把它截成三段，它就枯死了。可是我们呢？一母所生的兄弟三人却天天吵着要分家，我们连这棵树都不如啊！"

兄弟三人都非常悲伤，感动之余，决定不再分树，随着他们的话音一落，那棵紫荆树立即变得茂盛起来，紫荆树复活了。兄弟三人大受感动，便把已分割开的全部财物再聚合起来，从此再不提分家的事，而是和和睦睦地共同生活在一起。

从那以后，紫荆树就成了兄弟和睦、家族兴旺的象征。

哲思 亲生兄弟犹如手足，怎么能为一时的利害得失而反目呢？兄弟之间相互帮助是天经地义的，但也要存有感激之心，如果心中毫无感恩之念，就会走上水火不容的歧途。诚如曹植悲叹的那样：本是同根生，相煎何太急！

尼古拉的故事

养育之恩，永难相报

在彼得堡的黄昏中，一个青年在白杨树下缓缓地踱着步子，眉头紧锁，仿佛有许多心事缠绕在他心中，他就是刚刚从彼得堡大学毕业的尼古拉。

尼古拉很小的时候，他的父母就离婚了，母亲改嫁之后，再也没有回来过。从那以后，尼古拉一直跟着父亲生活，是父亲一手把尼古拉拉扯大的。由于父亲对尼古拉的关爱体贴入微，这让尼古拉对母亲的思念渐渐淡化，到了后来甚至怨恨母亲在自己小的时候撒手不管，离家而去。

尼古拉15岁的时候，父亲告诉了尼古拉他关于他母亲出走的真正原因。他说："你母亲的离开都是我的错，不能怪她。那时候我因为失业，心情沮丧，整日无所事事，只有借助酒精的麻醉才可以入睡，而且时常撒酒疯，打骂你母亲，后来她因为忍无可忍，才最终选择离开的。"

父亲讲完这番话，尼古拉才慢慢地理解了母亲，不过他也把自己对母亲的怨恨转移到了父亲身上，认为是他把母亲逼走的。从此，尼古拉越发的孤独，这样一天天地与悲伤一起长大。尼古拉的父亲为了弥补自己的过错拼命挣钱，供尼古拉上学，从小学一直到大学，所有费用都要靠父亲一个人的工资。但是尼古拉似乎并不领情，在大学期间尼古拉很少回家，每次打电话时他也只说简短的几句话便挂断了话筒。

大学毕业后，尼古拉很长时间没有找到工作，他显得非常无助，他开始体会到了生活的艰辛，明白了父亲对自己的爱，也后悔过去自己对待父亲的态度。

每次夜深人静的时候，尼古拉看着父亲在幽暗的灯光下佝偻的背影，总是忍不住鼻子发酸，心中充满了愧疚。他深深地明白，正是眼前的这个人给了自己一个家,给了自己温暖的栖居地,让自己生活在幸福之中。

在朋友们的帮助下,尼古拉终于找到了一份银行职员的工作,这让他兴奋不已,他开始明白了感恩的真正含义。从那以后,尼古拉白天辛勤地工作,晚上就陪在父亲身边,陪伴父亲度过幸福的晚年时光。

哲思 当我们站在人生的某个高点上,回忆过往的一切,我们的心是一片荒凉的土地,还是盛开着美丽的花朵?如果没有感恩之心,那么我们的内心一定如荒凉的土地一样贫瘠;反之,我们的生命则会充满勃勃生机。无论父亲还是母亲都是我们成长中的雨露和阳光,我们的人生在他们的爱护下静静地成长,充实而丰满。是父母养育了我们,给了我们生命和青春,对于父母的养育之恩,我们永难相报。

十五两银票

知恩不报的人绝没有好下场

明朝万历年间,在江西某县,有一天一个菜农挑着担子去城里集市卖菜,正在他急匆匆地赶路时,忽然看见在路上有一张价值十五两银子的银票。

这个菜农高兴极了,对他来说十五两银子简直就是一个天文数字,他卖十年菜也赚不到这么多。菜农也没心思去赶集了,挑着担子就回到了家里把银票交给了母亲,他心想:捡了这么多钱,母亲一定会高兴得不得了。

谁知,母亲见到银票大发雷霆,生气地对儿子说:"这么多钱,不会是偷来欺骗我的吧?再说了咱们家从来就没有过这么多钱,恐怕祸事马上就要临门了,你现在马上送还,不要连累到我。"

母亲说了好几遍,儿子都不依她。这时,母亲狠狠地说:"你如果执意不去送还,我就报官去!"儿子说:"路上捡来的东西,我怎么知道是谁丢的呢?"母亲说:"你现在就回捡到银票的地方等着去,失主一定会回来找的。

菜农满腔的兴奋之情被他母亲兜头一盆冷水给浇灭了,但是母命难违,他又是个孝子,于是,虽然心里不情愿,但也只好拿着银票回去等失主了。

不久之后,果然看见一个人在寻找银票。这时,天性质朴的菜农竟然没问丢失银票的人到底丢了多少钱,就把捡来的银票原数给了他。

那个人一声谢谢都没说,转身就想离开,在旁边围观的人都让这个丢钱的人拿出一点来送给捡到钱的人。但是,这名失主竟然吝啬地说:"我原来丢的是三十两的银票,现在才找到一半,怎么能分给他呢?"

由于争执不下,围观的人就拉着失主和菜农来到官府,让知县大人来评理。当时知县问丢失银票的人丢失了多少两银票?那个人说:"整整三十两银子。"

知县又细细地询问了捡到银票的那个菜农,见他朴实憨厚,说的前后一致,知县还不放心,为了印证他的话,又派人把他的母亲偷偷带来细细询问,她说的话也与儿子的话是一致的。

于是知县便令他们分别写下字据,失主写的是"丢失三十两银票",菜农写的是"捡到十五两银票",然后对失主说:"这不是你丢的银票,这一定是老天爷赏赐给这位贤母用来养老的。如果是三十两银票,那才是你丢的,所以你还是回到丢银票的地方再找找吧,你丢了钱本官也爱莫能助啊。"紧接着,知县把十五两银子的银票判给了这对母子,还让儿子好好孝顺这位贤良的母亲,站在堂下围观的老百姓纷纷拍手称快。

哲思 人要学会感恩,感谢那些帮助过你的人,生命中需要感恩,每个人的生活都离不开感恩。如果大家都为了自己而活,社会将变得丑陋不堪,不懂得感恩的人,他无法理解人生的意义,无法理解生命的价值,他不懂得什么是爱,不懂得怎样做一个真正的人,这种人注定是没有好结果的。如果我们每一个人都以感恩的心去对待整个社会,去对待我们自己的人生,那么这个社会将会变得美好,将会充满爱与关怀。

感谢上帝没让我变成火鸡

用感恩的心来看待生活

韦斯特法尔老师结束了当天的教学内容,他看了看表,距离下课还有 10 分钟,于是他决定在课堂上随便问几个问题,锻炼一下这些小学生们的语言表达能力。

"感恩节快到了,孩子们,你们可不可以告诉我,你们将要感谢谁?又要感谢他什么呢?"韦斯特法尔老师让孩子们思考了一会儿,然后开始点名让孩子们回答。

"琳达,你要感谢谁?"

"我的妈妈每天很早起来给我做早饭,如果不是她,我就只能饿着肚子来上学了。我想,我在感恩节那天一定要感谢她。"

"嗯。不错。彼得,你呢?"

"我的爸爸今年教会了我打棒球,我太喜欢打棒球了!所以我特别想感谢他。"

"嗯,原来你学会打棒球是你爸爸的功劳,你是应该好还感谢他!玛丽,你想感谢什么人吗?"

"无论是上学还是放学,学校的守门人韦伯先生总是微笑地看着我们来来往往。虽然他自己很孤单,没有多少人关心他,但他却把关怀的微笑送给我们每一个孩子。我们每个人都非常喜欢韦伯先生,我要在感恩节那天给他送一束花。"

"很好!韦伯先生收到你的花也会很高兴的。杰克,轮到你了。"

"我们每年感恩节都要吃火鸡,大大的火鸡,肥肥的火鸡,大家都特别爱吃。他们只是大口大口地吃火鸡,却从不想一想火鸡是多么的可怜。感恩节那天,会有多少只火鸡被杀掉呀……"

"能不能简短一些？我觉得你跑题了，杰克。"

杰克向四周望了一眼，然后，胸有成竹地说："我要感谢上帝，感谢他没有让我变成一只火鸡！"

哲思 做人是快乐的，能用人特有的智慧去享受每一个生活细节，体会人生的欢喜忧伤，感悟生活的曼妙无疆，创造人类历史的辉煌。因此，我们每一个人都应该感谢上天，是他让我们生而为人；也应该感谢生活，是生活让我们体会到了做人的快乐。

一串葡萄

感恩之心永无止境

一天，修道院的大门被叫开，看门人巴拉甘惊喜地看到，旁边果园的一个果农给他送来一大串晶莹剔透的葡萄。

果农对他说："兄弟，我想把这串葡萄送给你，感谢你在我每次来修道院时对我的关照。"看门人对如此情意浓厚的礼物表示感谢，并对果农说修道院的人会很高兴享用这串葡萄的。

果农满意地离开修道院之后，看门人把葡萄洗净，得意地望着它。忽然，他想起修道院里的一个病人最近得了病什么也不想吃，便决定把这好吃的葡萄送给他，让他开开胃："他多么需要营养啊！"

于是，看门人把葡萄送到虚弱的病人床前，病人睁开双眼惊喜地看着葡萄。看门人对他说："马蒂亚斯，有人送给我这串葡萄，我知道你最近什么都不想吃，但我想这串甜美的葡萄也许能带给你食欲。"马蒂亚斯从心里感激他，对他说自己将永远记住他，就是有一天死了，也会在天堂里感谢他。

病人马蒂亚斯刚想吃点葡萄开开胃，又想起应该把它送给对自己倾注了大量心血，整日整夜地为他操劳的医生埃斯特万，以慰藉自己的灵魂，要知道，如果不是医生照顾他，他可能早就死了。

于是,马蒂亚斯喊来医生,医生埃斯特万以为马蒂亚斯出了什么问题,就迅速赶到了他的床前。病人对医生说:"埃斯特万,看门人惦记着我的病,送给我这串葡萄,让我品尝。由于我什么都没有吃,现在我吃了它可能会伤害我的胃,我想还是让你吃了吧,你对我一直很不错。"

医生坚持让病人吃,但是越坚持,病人越是拒绝。于是医生只好感谢病人送给他如此诱人的礼物,然后把葡萄带走了。

医生边走边想,这串葡萄应该送给兢兢业业为大家服务的厨师埃纳文图拉,他才更有资格享受这串葡萄。于是,医生来到厨房,找到了厨师埃纳文图拉,对他说:"你的心像这串美丽的葡萄一样高尚,这串葡萄送给你吧,感谢你每天为我们做美味的饭菜。"厨师谢过了医生的美意,但他也没吃这串葡萄,而是把它送给了为大家操劳的修道院院长。

就这样,这串葡萄在整个修道院里传来传去,最后重新回到了看门人手中。看门人惊奇得不知所措,他觉得不能再让葡萄兜圈子了。于是他不再迟疑,开始吃起葡萄来,他觉得自己从来也没吃过味道如此甜美的葡萄。

哲思 在修道院中传递的不只是一串甜美的葡萄,更是一颗感恩的心,一串人与人心灵的呵护与关爱!有了这份爱与感恩,不论生活的风雨多么强烈,不论前面的路多么困难重重,你都会从中收获快乐、感动、勇气。而这,也正是看门人觉得那串葡萄前所未有的甜蜜的原因。

老乞丐的愿望

工作是上帝对人类的最大恩赐

一个老乞丐在偶然间捡到了一盏神灯,灯神说可以满足他的三个愿望。

穷了一辈子的老乞丐对灯神说:"我的第一个愿望是要变成一个有钱人!"

灯神马上就把老乞丐变成了一个百万富翁。乞丐大喜过望,马上提出了自己的第二个要求:"我希望自己只有20岁!"

灯神挥了挥手，已经六十多岁的老乞丐马上就变成了一个20岁的小伙子。

老乞丐高兴极了，接着说出了自己的第三个愿望："我一辈子都想不工作……"

灯神二话没说，马上施展了自己的神力——这个20岁的百万富翁又变回了路旁那个又老又脏的乞丐。

老乞丐大惑不解，急忙问灯神："怎么会这样？我怎么又变回来了？"

灯神诚恳地说："工作是上帝对人类最大的恩赐，我再有本事也不可能跟上帝相比啊，你想丢掉这最大的恩赐，最终的结果也就只能是现在这样了。知道你为什么成了个乞丐吗？就是因为你没把握住上帝的恩赐，不知道感恩也不好好工作啊！"

哲思 心存感恩的人把工作看成是上帝给人类的最大恩赐，所以他们在工作中尽职尽责，倾尽全力，所以他们与众不同，飞黄腾达。因此我们不需要灯神也能让自己富有。相反，如果我们像那个老乞丐那样把工作看作是敌人，那么我们最终也只能像那个老乞丐一样了。

第 2 课

求人不如求己

求人不如求己，总想着依靠他人的帮助的人，是无法完成任何伟大事业的。让我们做自己的观世音菩萨吧！因为这个世界上，任何人都不可能比我们自己更可靠。

不再求人的小男孩

想成功只能靠自己

曾经有这样一个男孩,他是一个孤儿,每天衣衫褴褛、满身补丁地在大街上求人施舍。一天,他突发奇想,跑到摩天大楼的工地向一位衣着华丽的建筑承包商请教:"我该怎么做,长大后会跟你一样有自己的事业,有自己的财富?"

这位建筑承包商本来不想理他,但是看见小家伙实在很可怜,于是就回答说:"我先给你讲一个故事吧!从前,有三个掘沟人,一天,他们中有一人拄着铲子说,我将来一定要做老板;第二个则抱怨工作时间太长,报酬太低;第三个没说话只是低头挖沟。许多年过去了,第一个仍在拄着铲子;第二个虚报工伤,找到借口退休了;第三个呢?他成了那家公司的老板。你明白这个故事的寓意吗?小伙子,不要多说话。埋头苦干就好。"

小男孩满脸困惑,百思不得其解,只好再请他说明。承包商指着那批正在脚手架上工作的建筑工人,对男孩说:"看到他们了吗?这些人都是我的工人。我无法记得他们每一个人的名字,甚至有些人,根本连脸孔都没印象。但是,你仔细瞧他们之中,那边那个被晒得红红的、穿一件红色衣服的人。我很快就注意到,他似乎比别人更卖力,做得更起劲。他每天总是比其他的人早一点上工,工作时也比较拼命。而下工的时候,他总是最后一个下班。就因为他那件红衬衫,使他在这群工人中间特别突出。我现在就要过去找他,派他当我的监工。从今天开始,我相信他会更卖命,说不定很快就会成为我的副手。"

"当年,我也是这样爬上来的。我非常卖力的工作,表现得比所有人更好。如果当初我跟大家一样穿上蓝色的工人服,那么就很可能没有人会注意到我的表现了。所以,我天天穿条纹衬衫,同时加倍努力。不久,我就出头了。老板注意到我,升我当工头。后来我存够了钱,终于自己当了老板。只要多干一点,总会成为突出的那一个,人们总是会发现你的,这样你就更加接近成功了。"

小男孩明白了这个道理,他不再四处求人施舍而是开始自食其力捡破烂。因为总是起得比别人早,跑得比别人勤,再加上不怕脏,所以每天收入都很可观。然后,他把几乎所有捡破烂赚来的钱都拿来买书,充实自己。再后来,他的勤奋好学引起了好心人的注意,一个家境富裕而又膝下无子的人开始供他上学。在这一过程中,他再也没有求过任何人,只是靠他自己,而且毫无怨言。而最终呢?毫无疑问,他成了一个成功的商人。

哲思 无论在什么时候,成功只能在行动中产生,别人的帮助虽然很重要,但最关键的部分还是要靠自己。从现在起就开始行动吧,像那个小男孩一样,从现在开始严格要求自己,充实自己,给自己更多成功的砝码,因为想成功,最终只能靠我们自己。

军官阿瑟

走自己的路,让别人说去吧

阿瑟刚当上军官时,心里很高兴。每当行军时,阿瑟总是喜欢走在队伍的后面。因为他觉得只有走在最后面,才能更好地监督自己的部下。

一次在行军过程中,有人取笑他说:"你们看,阿瑟哪儿像一个军官,倒像一个放牧的。一个像羊倌一样的军官指挥着一群绵羊,这样的部队能打胜仗才怪。"

阿瑟听后觉得人家说得虽然不好听,但是挺有道理的,于是他便改变了自己走在了队伍的中间。可是这次仍然有人议论他:"你们看,阿瑟哪儿像个军官,简直是一个十足的胆小鬼,只会在队伍里面躲着,这样的军官,士兵怎么能服他?"

阿瑟听后,又走到了队伍的最前面。可是,这还是不能够让所有人都满意。有人说:"你们瞧,阿瑟带兵打仗还没打过一个胜仗,他就高傲地走在队伍的最前边,真不害臊!"

阿瑟听后,心想:"看来无论我怎么做都不可能让所有人满意了,如果再这样下去什么事都得听别人的,恐怕到最后我自己连走路都不会了。走我自己的路,让别人说去吧!"从那以后,他想怎么走就怎么走。

哲思 自己的人生要自己作主,自己的命运需要自己主宰。尤其是那些站在远处说风凉话的人,我们大可以不必理会他们的话,因为他们根本不是在为了我们着想。做个有主见的人吧,凡事靠自己,不要轻易被他人的意见所左右。

暴君的"飞马"

机会要靠自己去创造

从前有一个国家,这个国家的国王是个不折不扣的暴君,动不动就把得罪过他的人处以极刑。

一次,一个平民触怒了国王,火冒三丈的暴君命人立即处死他。那个聪明的平民灵机一动,对暴君说:"我尊敬的国王陛下,您不是一直梦想着能像鸟儿一样在天空中任意翱翔吗?如果您给我一年时间,就可以让您最喜欢的马飞上天空!这样的话,您就可以骑着马在天上飞了啊!如果一年之后我做不到,我愿意被您处死。"

暴君听了以后半信半疑,问道:"你真的能让我的马飞上天空吗?"

平民装作非常肯定的样子,答道:"是的,我以我的性命担保我能!我亲爱的国王,如果您给我一个机会,那么您就可以看见您的爱马在天上飞,但是如果您现在就杀了我的话,您可就永远也看不到了。"

暴君的好奇心和对飞翔的渴望战胜了他对那个平民的怒火,他想:给他一个机会吧,说不定他真有特殊的能耐呢,要是他做不到的话,我再把他五马分尸也不迟。于是,暴君答应了平民的要求,不仅没有把那个平民关起来,还给他一些他所需要的东西,准备让自己的爱马"飞起来"。

这个平民的邻居非常担心平民的处境,关切地问:"你怎么能对国王许下这样的承诺呢?如果到时候国王的马飞不起来你可怎么办呢?"

这个平民却一点也不担心,胸有成竹地对自己的邻居说:"一年的时间说长不长,可是说短也不短啊,这一年里可能会发生很多事呢,也许国王会死,也许我自己会死,也许这个国家会被别的国家毁灭,也许我能从这个国家逃到别的国家去。如果我不骗那个暴君,那我今天就会被他给杀了。所以,只要有一年的时间,没准马真的能飞上天空。"

这个聪明的平民没有等着暴君自己死去,也没等着老头降下奇迹,让暴君的马飞起来。他找了一个机会,在暴君庆贺自己的生日,全国都忙着举行庆典的时候带着暴君给他的东西,骑着暴君的"飞马"悄悄地地逃到别的国家去了。这下,这个平民不仅没有了性命之忧,反而还过上了幸福的生活。

哲思 未来是什么样子,我们从来都不知道。但是,只要我们有时间,一切就都有希望,因为我们是人,我们可以把握自己的命运。因此,当我们遇到困难的时候,如果能像那个聪明的平民一样,利用自己的聪明才智给自己赢得时间,然后再积极地为自己创造机会,那么,成功离我们还会远吗?

命运在谁手里

掌握自己的命运,但求无愧于心

一天,一个年轻人去找算命先生算命:"前辈,你给成千上万名信徒算过命,那么你能告诉我,这个世界到底有没有命运?"

算命先生说:"当然有啊。"

年轻人再问:"那命运究竟是怎么回事?既然命中注定,那奋斗又有什么用?"

这次算命先生没有直接回答他的问题,但笑着抓起他的左手,说:"你是来算命的？还是来聊天的？我们不妨先看看你的手相吧。"于是算命先生开始滔滔不绝地向年轻人讲着生命线、爱情线、事业线等等让人听了似懂非懂的话。

突然，算命先生对年轻人说："把手伸出来，照我的样子做一个动作。"他举起左手，慢慢地，而且越来越紧地握起了拳头。末了，他问："握紧了没有？"

年轻人有些迷惑，回答说："握紧啦。"

他又问："那些命运线在哪里？"

年轻人不知道算命先生想说什么，于是机械地回答："在我的手里呀。"

算命先生再追问："请你仔细看看，你的命运在哪里？"

年轻人恍然大悟："原来，命运竟然握在自己的手里！"

算命先生依旧很平静地继续说道："从今以后，不管别人怎么跟你说，切记，命运始终在自己的手里，而不是在别人的嘴里！任何一个算命先生也不能完全预测人的命运！"

算命先生接着说："请你再一次握紧你的手掌，再仔细地看看自己的拳头，你还会发现，你的生命线有一部分任凭你如何用力，它们依旧还留在外面，不可能被全部握住。你知道这意味着什么吗？这意味着命运绝大部分掌握在自己手里，但还有一部分掌握在'上天'手里。古往今来，凡成大业者，'奋斗'的意义就在于用其一生的努力去争取，尽人事，听天命，但求无愧于心而已。"

哲思 幸运的人，未必是幸福的。失意的人，未必是不幸的。不要奢望着靠天、靠地。其实，一切都只能靠自己。"尽人事，听天命，但求无愧于心"——多好的一句话啊。

坚强的伐木工

只有自己才能救自己

美国有个伐木工，他每天都会独自开车到深山里面去伐木。

然而一天，灾难突然降临了：一棵被他用电锯锯断的大橡树倒下的时候，因为碰到了对面另一颗大树而被弹了回来，结结实实地将猝不及防的伐木工压在了底下。转眼间，伐木工的右腿就流血不止，巨大的疼痛感让他的眼前发黑，但是坚强的求生意志让这个伐木工迅速冷静了下来。他开始思考脱身的办法。

伐木工清楚地知道这个林区周围几十公里都没有人居住，而且也很少有人会到这里来。因此，就算他在这里躺上一个星期也不一定会有人经过，而且他的血流的太多，即使等到了人，自己恐怕也早就因为流血过多而死去了。伐木工的右腿腿骨已经彻底被压成了碎片，树干太重了，无论他怎么用力推，树干就是纹丝不动。伐木工明白自己只有一条路可走了，于是用电锯锯断自己被大橡树压住的右腿，然后爬到汽车上，开车去了最近的一个医院。

在锯腿的过程中，伐木工没有麻药等让自己减少痛苦，甚至没有止血的药。剧烈的疼痛让他几乎不醒人事，伐木工几欲昏厥，但是为了自救，他顽强地挺了过来，锯下了自己被压住的右腿。在开车去医院的途中，他一直控制住自己，不让自己在路途中晕倒，直到被医生送到担架上，他才终于放心地晕了过去。

伐木工锯腿自救的经历很快就在当地广为传颂，电视台把他的经历做成一期节目在电视上播出。这个节目一播出就产生了强烈的反响，人们都被他积极自救的精神折服。很多人遇到这个伐木工的境地时，也许会认命，不负责任地把眼睛一闭，然后等待那个"或许"会到来的救援。这样消极的态度能救回自己的性命吗？显然是不可能的。这个坚强的伐木工没有听天由命也没有怨天尤人，他紧紧地握住自己的命运，最终救了自己的性命。

哲思 我们在现实生活中也许不会遇到像那个伐木工一样生死一线的处境，但是，每个人的生命中都会伴随着挫折，这其中的道理都是相通的。很多时候，如果我们消极地等待，那么恐怕也就失去了靠自己的力量挽救自己的机会了，会不会有别人来救我们？谁也不知道。但是如果我们积极地面对人生的每一个机遇、挑战、困境，我们会发现，很多事情都是想起来困难但是做起来简单，只要我们肯做，将自己的命运牢牢地抓在手中，我们就可以做到最好，成就卓越。

我是狮子还是驴

你是什么，只有你自己说了算

草原上，百兽之王狮子正在阳光下惬意地睡着午觉。一位过路的神见了，决定和它开个玩笑，于是在它的尾巴上挂了张标签，上面写着"驴"，有编号，有日期，旁边还有个神的签名。神做完这一切后，就躲在一旁准备看热闹。

狮子醒来后看见了自己尾巴上的标签，它感到非常恼火。心想：我明明是狮子，是百兽之王，可是神为什么非要说我是一头驴？于是，狮子满怀气愤地来到野兽中间。

"我是不是狮子？"它厉声质问一条狐狸，显然，它有些激动。"你看起来像狮子，"狐狸慢条斯理地回答，"既然神说你是驴，那么你恐怕是一头长着狮子外表的驴。"

听到这话，狮子的心情更差了，他郁闷地想：一向聪明的狐狸怎么会把我当成驴？我又从来不吃干草！算了，还是去问问野猪吧，它见多识广，什么都知道。"你的外表，无疑有狮子的特征，"野猪说，"可具体是不是狮子我也说不清！我可从来没见过这么奇怪的事情。"

狮子徒劳地追问，它低三下四地求山羊作证，又向老虎解释，还向自己的家族求援。同情狮子的，当然不是没有，可谁也不敢怀疑神的旨意。

这件事情将原本威武的狮子折磨得憔悴不堪，他再也不是之前那个霸气的百兽之王了。一天早晨，从狮子洞里忽然传出了"嗯昂"的驴叫声，看来，它真把自己当成是驴了。

哲思 狮子的故事告诉我们，别人对我们的评价如何并不重要，重要的是你要正确地看自己，相信自己，肯定自己。对于我们自己到底是狮子还是驴的问题，没有谁能比我们自己更清楚。

狮子的烦恼

把握自己，超越自己

在草原上横行霸道不可一世的狮子是当之无愧的百兽之王，它每天都可以受到草原上各种动物虔诚的朝拜，在它的领地里，它想吃谁就吃谁。但是，狮子的生活却并不像想象中的那样快乐，因为他的心底却隐藏着一个不可告人的秘密——他百兽之王狮子也有害怕的东西。

这一天，狮子终于忍不住了，他决定去问问天神，自己到底应该怎样做才能做到真正的无所畏惧。它对天神说："伟大的天神啊！我很感谢您赐给我如此雄壮威武的体格、如此强大无比的力气，是您给了我足够的能力来统治这片草原。"

天神听了，微笑地问："聪明的狮子啊，这恐怕不是你今天来找我的目的吧！如果我没猜错的话，你一定为了某事而正感到困扰呢吧！"

狮子轻轻叹了口气，说："知我者，莫过于天神哪！我今天来的确是有事相求。因为尽管我是一个万人敬仰的大王，但是每天鸡鸣的时候，我总是会被鸡鸣声给吓醒。神啊！祈求您，再赐给我一点神奇的力量，让我每天早晨可以不再被鸡鸣声给吓醒吧！"

天神笑道："你去问问大象吧，动物们不是都说大象是这片草原上真正的智者吗？我看他那里就有你所要的答案。"

狮子兴冲冲地跑到丛林里找大象，可是还没等它见到大象，就听见了大象跺脚所发出的"砰砰"巨响。狮子赶忙加快了脚步想要看个究竟。只见大象正气呼呼地直跺脚，样子好像十分烦恼。

狮子问大象："尊敬的大象，都说你是草原上真正的智者，是什么让你发这么大的脾气？"

大象拼命摇晃着大耳朵，吼着："蚊子，有只讨厌的小蚊子，总想钻进我的耳朵里。害我都快痒死了。"

聪明的狮子在刹那间明白了天神要告诉他的事情。它离开了大象,心里豁然开朗:原来体型如此巨大,头脑如此睿智的大象,也还是会惧怕那么瘦小的蚊子,那我还有什么好抱怨的呢?反过来想一想.毕竟鸡鸣也不过一天一次嘛,而蚊子却是无时无刻不在骚扰着大象。这样看来,我可比他幸运多了。狮子一边走,一边回头看着仍在拼命跺脚的大象,心想:原来天底下谁都会遇上麻烦事,就连天神也无法帮助所有人。既然如此,那我只好靠自己了!

从那以后,狮子真正找到了解决问题的办法。那就是每当公鸡打鸣时,狮子就告诫自己:啊!新的一天开始了,我该起床了。时间一长,为了早起,狮子再也离不开鸡鸣声了。

哲思 在漫长的人生之路上,我们难免会遇到挫折。很多人只要稍微遇上一些不顺的事,就会习惯性地抱怨老天待人不公、亏待了他。事实上,老天是最公平的。就拿狮子和大象来说吧,他既赐给了他们威猛的力量,又赐给让他们感到困惑的障碍。面对困境,不同的人会有不同的感应。其实,每个困境,都有其存在的正面价值;每个障碍,就是一个新的已知条件。只要我们自己愿意,在任何困境和任何障碍面前,我们都可以好好把握自己,让那些挫折成为我们超越自我的契机。

搁浅的大鱼

靠自己,做命运的主人

海有潮涨潮落,月有阴晴圆缺。大海每天都在寂寞地涨潮退潮,但这一次,它将三条大鱼搁浅在了一片浅水滩上。

在浅水滩上,大鱼们英雄气短,全没了往日在海里横行无忌的威风。于是它们开始商量,怎样才能使自己回到大海中,它们希望能够借助再次涨潮的机会,逆水回到海中。可是这才刚刚退潮,而且渔船随时可能来到这里将它们网走,并且把他们做成一顿美味的晚餐。

　　渔船来了,第一条大鱼卯足了劲,用尽自己的力量,箭一般地从渔船上跳了过去,回到了大海中。第二条大鱼则潜伏在水草丛中,借机躲过了渔船。第三条大鱼则躺在浅水滩上,心想:也许渔船根本就发现不了自己,为什么要费那么大的劲呢?还是等涨潮时再说吧。渔夫们可不这么看,他们可不会错过抓住这么大的一条鱼的机会,于是第三条大鱼被渔船网走了,最终成了渔夫们肚子里的美餐。

　　哲思 前两条大鱼都懂得靠自己的力量来摆脱困境,唯独第三条大鱼,它只是被动地听天由命,然而它倾注了全部希望的的老天却告诉它"你没命了"。这个故事告诉我们:当我们面临困境的时候,我们要靠自己,做命运的主人,而不应该由命运来摆布自己。把自己的命运掌握在自己的手中,自己决定自己的未来,终究是比把命运交给侥幸心理或是干脆听天由命要好得多。

放牛娃遇虎

除了自己,没人能救你

　　从前,有个放牛娃上山砍柴,突然遇到老虎袭击,放牛娃吓坏了,抓起镰刀就跑。然而,前方已是悬崖,老虎却在向放牛娃一步步逼近。

　　为了生存,放牛娃决定和老虎决一雌雄。就在他转过身面对张开血盆大口的老虎时,不幸一脚踩空,向悬崖下跌去。千钧一发之际,求生的本能使放牛娃抓住了半空中的一棵小树。可是这样就能够生存了吗?上面是虎视眈眈、饥肠辘辘的老虎,下面是阴森恐怖的深谷,四周到处是悬崖峭壁,即使来人也无法救助。吊在悬崖中的放牛娃明白了自己的处境后,禁不住绝望地大声哭了起来。

　　这时,他一眼瞥见对面山腰上有一个老和尚正经过这里,便高喊"救命"。老和尚看了看四周的环境,叹息了一声,冲他喊道:"本人也确实没有办法呀,看来,只有你自己才能救自己啦!"

放牛娃一听这话,哭得更厉害了:"你看我这副样子,怎么可能自己救自己呢?"

老和尚说:"你与其那么死揪着小树等着饿死、摔死,还不如松开手,找一个看起来松软的地方跳下去,那毕竟还有一线希望呀!"说完,老和尚叹息着走开了。

放牛娃又哭了一阵,嘴里不停地骂老和尚见死不救。天快要黑了,上面的老虎算是盯准了他,死活不肯离开。放牛娃又饿又累,抓小树的手也感到越来越没有力量。怎么办?放牛娃又想起了老和尚的话,仔细想想,觉得他的话也有道理。是啊,现在除了靠自己还能靠谁呢。这么下去,只能是死路一条,而松开手落下去,也许仍然是死路一条,也许就会获得生存的可能。既然怎么都是一个死,不如冒险试一试。

于是,放牛娃停止了哭喊,他艰难地扭过头,选择跳跃的方向。他发现万丈深渊下似乎有一小块绿色,会是草地吗?如果是草地就好了,也许跳下去后不会摔死。他告诉自己:"怕是没有用的,只有冒险试一试,才能获得生存的希望。"

就这样,放牛娃咬紧牙关,在双脚用力蹬向绝壁的一刹那松开了紧握小树的手。身体飞快地向下坠落,耳边有风声在呼呼作响,他很害怕,但他又告诉自己绝不能闭上眼睛,必须瞪大眼睛尽量调整自己落地的地点。奇迹出现了——他落在了深谷中唯一的一小块绿地上!

后来,放牛娃被乡亲们背回家养伤。两年以后,他又重新站立了起来。的确,在当时的情况下,没有人能救得了他,他只能依靠他自己。

哲思 不要总是依赖别人,把一切希望都寄托在别人身上,而要依靠自己解决问题,因为每个人都有许多事要做,别人只可能帮一时却帮不了一世。所以,靠人不如靠自己,最能依靠的人只能是你自己,除了你自己,没人能救你。

清洁工出身的电影明星

成功的路只能自己走

电影明星史泰龙的父亲是一个赌徒,母亲是一个酒鬼,每当父亲输了钱的时候,就会毒打自己的妻子和儿子,史泰龙的母亲觉得这样的生活很痛苦,于是整天借酒浇愁,对自己的儿子同样是不管不问。就是在这样一个家庭中,史泰龙度过了自己凄惨的童年,他高中毕业后就流落街头,成了一个小混混。

史泰龙在街头混了将近10年的时间。在20多岁的时候,他忽然醒悟了,觉得自己现在的生活简直是在浪费人生,他不能再这么浑浑噩噩下去了,于是只身到城里闯荡。后来,他喜欢上了表演,想成为一个电影演员,于是他花光了所有的钱,买了去好莱坞的车票。但是老天并没有特别眷顾他,由于他的外形并不是当时电影公司喜欢的那种"奶油小生"的形象,他去应聘了很多次都没有成功。

但是这些挫折和失败并没有使他丧失信心,既然不能当演员,那就从清洁工当起吧。于是史泰龙去电影公司应聘当清洁工,由于他身体健壮,同时又勤劳肯干,他很轻松地获得了那个"职位"。"打入电影公司内部"之后,史泰龙白天利用打扫卫生的机会去学习电影公司里的一切事宜,到了晚上,他就躲在自己的小屋子里埋头写剧本。

有一天,史泰龙观看了世界拳击冠军阿里和以"刺刀见血"闻名的丘克·弗普纳之间的一场拳击比赛,当看到弗普纳在即将打满15个回合才被阿里击倒时,他灵感迸发,决定以其为模型塑造自己的电影角色。不久,一部反映拳击手失败、奋斗、成功又失败的辛酸经历的电影剧本《洛奇》诞生了。

许多好莱坞制片商看上了《洛奇》这个本子,不过都不想让史泰龙主演,但自己当主角正是史泰龙出卖剧本的唯一条件。为了争得洛奇一角,穷困潦倒的史泰龙断然拒绝了高薪诱惑,最终与联美公司的独立制片人谈妥了条件。不过条件是苛刻的,制片人同意由史泰龙饰演洛奇,但仅付给他 7 万多美元片酬,票房收入十分之一归其所有。

不到一个月,这部极低成本的电影问世了。谁也没想到,影片推出后盛况空前,每次上映,观众都会起立给予长时间的欢呼。

在当年奥斯卡奖的角逐中,《洛奇》以黑马的姿态捧走了最佳影片、最佳导演和最佳剪辑三项奖。然而,本片最大的获益者却是史泰龙,他由一名默默无闻的小人物一夜之间成为好莱坞的大明星。

哲思 史泰龙是一个坚定的人,为了达到自己的目标积极地去追寻、去奋斗,就算只能先当一个清洁工,也没有放弃自己的梦想,努力写剧本,并且积极地和公司的高层争取做主演的机会。事实上,史泰龙的一切都是他自己创造的,他的财富,他的地位,甚至他所言的电影的剧本。就这样,史泰龙靠着自己的双腿走出了一条成功之路。

老人与驴

做一个有主见的人

有个老人和他的儿子牵着驴到城里的集市上去卖。

刚走不远,他们就看见一群妇女有说有笑地聚在井边,其中一个喊道:"瞧啊,你们看见过这么傻的人吗,有驴不骑,却自己在路上走。"

老人听了这话,急忙让他的儿子骑上驴,自己高兴地走在他的身边。然而,当他们经过一位老者时,老者说:"现在的人怎么会是这样孝敬老人的?儿子骑着驴,而他年迈的父亲却得走路!"

听了这话后,老人只好让他的儿子下来,自己骑上去。他们这样走了还没有几里路,又碰到一群妇女和孩子。几个妇女立刻喊起来:"嗨,你这懒惰的父亲,怎么能够自己骑驴,让那个可怜的儿子在身边走?他简直都快赶不上了!"

忐忑不安的老人立刻把儿子抱上驴。这时候,他们终于来到了城门口。一个人问:"老先生,那头驴是你自己的吗?"

老人说:"是的。"

那人说:"噢,这种骑法没人会做得出来,看看你们两个人有多重,都快把驴压垮了。"

老人听了又急忙和儿子一起从驴背上下来,站在地上不知如何是好。想了半天,老人觉得现在只有一个办法:把驴的四条腿捆在一起,两人用一根棍子把驴抬起来走路。他们花了很大的力气才制服了驴,然后抬着它又上路了。

经过城门口的一座桥时,他们可笑的行为惹得人们围过来哈哈大笑。驴不高兴这种吵闹声,也享受不了这种被抬着走的奇怪方式,就挣脱了绑住它的绳子,翻身挣扎下来,却失足掉进河里去了。

老人又羞又怒,只好转身回家。

哲思 这个寓言听上去似乎很荒唐,可是在现实生活中我们经常会遇到像老人那样的境遇。听取和尊重他人的意见固然重要,但无论何时都不可人云亦云,更不要乱了方寸不知所往,做了别人意见的傀儡,否则不但会在左右摇摆中身心疲惫,失去许多成功的机会,有时甚至还会失去自己。做自己认为对的事,成为自己想成为的人,无论成败与否,你都会获得一种无与伦比的成就感和自我归属感。正如但丁所言:"走自己的路,让别人说去吧!"

种土豆的小松鼠

自己才是自己的救世主

某年,天下大旱,动物们由于没有储备足够的粮食,饿死者不计其数。于是,动物们纷纷向玉帝祷告,恳请他赐一些食物下来,否则,动物们就要活不下去了。玉帝也很可怜动物们的处境,便命令太白金星下凡,为动物们送去一些土豆充饥。

收到了太白金星送来的土豆,野猪来不及擦干净上面的泥土,便囫囵吞枣似的塞进了肚子里；小白兔比较节俭，它把土豆切成了小片，一天只吃一片……除小松鼠外，大家都开始享受玉帝的恩赐了。只有小松鼠没吃那些土豆，它在干裂的土地上，刨出一个个小土坑，把自己的那一份土豆一个个埋了进去，又去很远的地方舀来水，浇灌着刚埋进地里的土豆。

"傻小子，饿了这么久，你怎么不吃土豆啊？"打着饱嗝的野猪见小松鼠把土豆种进了地里，不解地问。

"我当然饿啊！"小松鼠捂着正在唱"空城计"的肚皮，艰难地说。

"那你肯定是不喜欢吃土豆了？"

"不，我非常喜欢！"

"既然如此，你为什么不吃掉土豆，反而把它们埋在土里呢？"

"吃掉这些土豆，只能撑过一时，以后的日子怎么办？要是明年还不下雨，我们不是都饿死了吗？我现在把土豆种在土里，只要旱情稍有好转，我就可以收获很多土豆了！"小松鼠充满希望地说。

从那以后，小松鼠只能眼看着同伴们吃土豆而自己啃树皮，而且它每天还要到很远的地方去挑水浇土豆，但它干得很开心，因为它知道旱灾不知道到什么时候才能结束，能帮助它们渡过危机的只有自己。毕竟，玉帝赐下的土豆是有限的，不能吃一辈子。

过了一段时间，吃光了土豆的动物们又因饥饿难忍而聚集在一起，它们再一次乞求玉帝赏赐一些食物。这时，玉帝现身了，他怒气冲冲地说："我只能救你们一时，不可能救你们一世，你们自己想办法解决吧。我现在命令东海龙王下一场雨，上次你们如果种下了土豆，这次就能大有收获了。"

直到这时，动物们才明白，原来小松鼠才是对的。

哲思 俗语说得好：滴自己的汗，吃自己的饭，自己的事自己干；靠天，靠地，靠祖宗，不算是好汉！就像故事里所说的那样，在灾难来临时，小松鼠不是"等"、"靠"、"要"，而是积极行动，依靠自己的力量和智慧来展开自救，并最终摆脱了困境。因此，我们要懂得：在遭遇困难时，不要过分依赖别人，而要自己想办法解决，要知道，别人只能帮你一时，只有我们自己才是自己真正的救世主。

没看到我之前,请不要做决定

没有机会,那就自己创造机会

小王小的时候家里非常穷,在暑假来临的时候,他不能像别的孩子那样无忧无虑地玩耍。他对爸爸说:"爸爸,我不要整个夏天都再向你要钱了,我要自己找一份工作。"

爸爸听了之后十分震惊,对他说:"好呀,我可以帮你找一份工作的,但是恐怕不容易,因为现在失业的人那么多。"

"爸爸,你还没有弄明白我的意思,我是说我要自己为自己找一份工作。我要一切都由自己来做,并且爸爸你也没有必要那样消极,尽管现在失业的人很多,可是并不能证明我就找不到工作呀!有些人,我是说有些人总可以找到适合自己的工作的。"

"哪些人?孩子。"

"那些会动脑筋的人。"小王回答道。

小王在广告栏上看到了一份适合自己的工作,广告上要求应聘的人要在第二天早晨9点到公司面试。第二天,小王没有敢睡懒觉,他在8点就早早地到达了那里。可是,已经有20来号人在那里排队了,他只好排在了队伍的第21名。

怎样才能引起注意而成功应聘呢?小王开动了脑筋,他认为只要肯于思考,主意一定会有的。

最后,他想出了一个好主意。他拿出一张纸,在上面端端正正地写了一些字,然后整整齐齐地折好,走向秘书小姐,恭敬地对她说:"小姐,请您马上把这张纸条交给您的老板,这非常重要。"

这位秘书小姐是一个聪明人,她看出小王的与众不同之处,于是对他说:"让我看看这张纸条吧。"她看了不禁微微一笑,立刻站起来,走向老板的办公室,把纸条交给了老板。

后来,小王真的被录用了,他是当时为数不多的几名幸运儿之一。

因为,那张纸条上写着:先生,我排在第21位,在您没有看到我之前,请不要做决定。

哲思 小王给自己制造了一次机会,机会偏爱那些善于思考的头脑。我们要善于开动脑筋,给自己创造一个机会,说不定我们的生活就会开始改变。在机会面前人人平等,人与人各不相同,对机会的做法也不同。弱者、愚者等待机会、错过机会。而强者却不会去等待机会,而是自己主动去播下创造机会的种子,再收获机会。没有机会,那就自己创造机会,这就是强者的理念。

乌龟的迷茫

坚定信念,靠自己把握人生的航向

一只乌龟决定去东海参加东海龟王为女儿举行的招亲比武大赛。乌龟有一身硬功夫,它也早就听说龟公主有着倾国倾城的美貌。所以,这次去东海,它是志在必得。但是,这只乌龟有一个最大的缺点,它天生就没有方向感,它根本不知道该往哪走,才能到达东海。没办法,自己不认路,那就只好问别人。

"兔老弟,你知道去东海应该朝哪个方向走吗?"乌龟见一只兔子从草丛里窜出,赶忙上前问道。

"朝那个方向。"兔子看见曾让自己的家族蒙羞的乌龟,自然不会放过骗它的机会,故意指着西方对乌龟说。

"那边真的是东方吗?我好像记得,小时候妈妈说太阳升起的地方才是东方啊。"乌龟迟疑着说。

"你看看,太阳不正挂在天边吗?"兔子指了指黄昏的太阳对乌龟说。

"哦,真的,太阳真的挂在那里,谢谢你。我知道该怎么走了。"乌龟说完,便朝着西方顺利地爬过去了。乌龟费力地爬呀爬呀,可第二天早晨,当它爬累了,准备休息时,偶然一回头,却发现太阳正高高地挂在身后的天空中。

这下乌龟可迷茫了。"怎么两边都有太阳?我该怎么办?到底哪边是东方呢?"乌龟伤心地哭了起来。

"乌龟老兄,你哭什么呀?"一只热心肠的狐狸正好路过,它听见了乌龟的哭声,好奇心起,便跑过来问道。

"我……我想去东方,可不知道应该朝……朝哪个方向走。"迷路的乌龟已经哭得上气不接下气了。

"嗨,这还不简单,太阳升起的地方就是东方,你迎着太阳升起的方向走准没错。"狐狸说完后就走了。

乌龟心想:"这下中午可以去东海了。"然后转身便朝着太阳升起的地方爬去。可刚爬了几步,它又停下了脚步,因为它又想起妈妈曾说过的一句话,"狐狸是狡猾的动物,你千万别听它的花言巧语。"想到这里,乌龟疑云顿起,于是,他决定听兔子的话,转过身又开始往回爬。又爬了一段,乌龟又想到一个问题,兔子不是自己家族的手下败将吗?它会不会因为当年的失败而怀恨在心,并且借此机会来报复自己呢?于是乌龟又折回身子,朝太阳升起的地方爬去。但一想起妈妈的话,它又怀疑起狐狸所说的话的真实性。

就这样,日子一天一天地过去了。乌龟仍在原地反复折腾,已经犯了疑心病的它再也不肯相信任何人的话了,可是它自己呢?又不认识路。结果,比武招亲的日期早已过去了,乌龟相思了很久的龟公主也早已成了别人的新娘。

哲思 好命运得靠自己去把握,而不是靠他人的指点就能得到的。就像那只乌龟,他不知道自己该何去何从,结果只能听别人的,而听别人的却又信不过别人,最终只能在原地兜圈子。明白了这个道理,我们就知道:只有做自己命运的主人,把握自己人生的航向,坚定自己的信念,才能不被他人的言行所左右,才能把握住自己的人生航向,一步一步走向成功。

想做官的张从德

靠自己,脚踏实地

从前,洛阳有一个叫张从德的读书人,他总想做官,却一辈子都没遇到做官的机遇。时光如流水,几十年弹指一挥间。转眼间,张从德已经是个白发苍苍的老人了,想起自己一生郁郁不得志,张从德不禁痛哭流涕。

有个年轻人看见他这般模样,感到很奇怪,于是走上前问他说:"老先生,您为什么哭得这样伤心呢?"

张从德回答说:"我求官一辈子,却始终没有遇到过一次机会。眼看自己已这样老了,依然是一身布衣,再也不可能有做官的机会,所以偶有所感,掉了几滴眼泪,到叫小哥见笑了。"

问他的人又说:"那么多求官的人都得到了官,你为什么却一次机会也没遇上呢?"

张从德回答说:"我是一个读书人,当我觉得自己学业有成之后,却发现天子喜欢任用有经验的老年人。我等了好多年,一直等到改朝换代,谁知继位的新君却是一个尚武的皇帝,于是我只能继续隐居。直到现在,我老了,也有经验了,当今天子却喜欢提拔年轻人了。我的几十年光阴转瞬即逝,一辈子生不逢时,没有遇到一次做官的机会,这难道不是十分可悲的事吗?"

哲思 如果一个人认准了某个远大目标,并且脚踏实地、始终不渝地去努力拼搏,总是有成功机会的。反之,如果朝三暮四、见异思迁,或一受到挫折就改变志向,则终将一事无成。

传教士的故事

让机会为自己服务

从前,有一位虔诚的传教士来到了古老的尼罗河畔,为了能把自己的信仰发扬光大,他可以不惜一切代价。

有一次,他要乘船到河的对岸,不小心跌入了水流湍急的河里。但他并不着急,因为他相信自己是一位传教士,是为上帝传达旨意的使者,所以他坚信上帝一定会来救他的。

此时正好有人从岸边经过,但他想上帝会救他的,于是没喊。当河水把他冲到河中心时,他发现前面有一根浮木,但他想上帝会救他的,于是照样在水中扑腾,一会儿浮一会儿沉。最后他被淹死了。

传教士死后,他的灵魂愤愤不平地质问上帝:"我是您的传教士,是为了传达您的旨意才不小心掉入河里的,您为什么不救我呢?"

上帝奇怪地问:"我还奇怪呢!我给了你两次机会,为什么你都没有抓住?"

哲思 这个传教士一心一意地等待上帝来救自己,结果呢?他对上帝赐予他的机会视而不见。事实上,优秀的人不会等待机会的到来,而是寻找并抓住机会,把握机会,征服机会,让机会成为为自己服务的奴仆。而要做到这一点,我们只需要做一件事:靠自己,行动起来。

一无所求的雪窦禅师

不做裙带关系的"寄生虫"

宋朝的雪窦禅师在淮水旁遇到了学士曾会先生。曾会问道:"大师,您要到哪里去？"

雪窦很有礼貌地回答道："我是个云游僧人，我会去哪里连自己都不知道。如果要说的话，我也许会去钱塘走走，也许会去天台山看看。"

曾会热心地建议道："既然大师您想去钱塘，杭州灵隐寺的住持大师跟我的交情非同一般，我写封介绍信给您带去，他定会好好地待您。"

雪窦禅师不忍心薄曾会的面子，于是就收下了那封介绍信，启程去了杭州。可是雪窦禅师到了灵隐寺时，并没有把介绍信拿出来求见住持，而是作为一个普通僧众在灵隐寺里住了整整三年。三年后，曾会出差去浙江，想到灵隐寺里有自己的两位老友，便顺道去看看。但是到了寺里，当他说要找雪窦禅师时，住持大师却根本不知道有这么一个人，曾会不信，在一千多位僧众中找来找去，才终于找到了雪窦，便问道："为什么您不去见住持而隐藏在这里？是不是我为你写的介绍信丢了？"

雪窦笑道："不敢，不敢，只因我是一个云游僧人，一无所求，所以才不愿做你的邮差呀！"

说完，雪窦回到房间，从袖里拿出介绍信，原封不动的交还给曾会，双方哈哈大笑。

哲思 一个人应该依靠自己的实力和个人的奋斗在社会上立足，而不应该依赖别人的提携或"裙带"关系，这才是一个有骨气的人应该做的事。

懒汉鱼

世上没有免费的午餐

在海洋里，懒汉鱼是有名的懒汉。它不爱劳动，连游泳也不愿自己出力气，而是用头顶上的吸盘吸在其他鱼身上，让人家带着它到处旅行。

鲨鱼是海洋里的恶霸，但懒汉鱼却很喜欢它。趁鲨鱼不注意的时候，懒汉鱼偷偷地钻到鲨鱼的肚子底下，把吸盘吸在鲨鱼的肚皮上。鲨鱼虽然不大乐意,但也拿它没办法。就这样,懒汉鱼不掏钱买票,就搭上了鲨鱼这条"豪华游轮"。鲨鱼游到哪儿,就把它带到哪儿,鲨鱼吃剩的东西,也就成了它的美餐。

过了一些日子,懒汉鱼跟鲨鱼跟腻了,抓住一个机会,它又吸到了鲸鱼的身上。不久,它觉得鲸鱼没意思了,瞅准时机,又换乘到海龟身上。懒汉鱼就这样换来换去,想乘哪条"船"就乘哪条"船",不出力、不操心、不愁吃、不愁喝,日子过得比神仙还舒服。

海洋里的动物们见懒汉鱼这么懒,都瞧不起它。懒汉鱼却一点儿也不感到脸红,它说:"你们那么勤快,也不见得比我过得好,这说明我具有生存的智慧!"

一天,懒汉鱼正想再换一条"船"乘乘,忽然看见一个自己从来没有见过的东西在眼前晃动。他好奇地想,这玩意儿好新鲜,让我吸上它玩一玩。于是,它离开了海龟,吸到了那个东西的上面。

可是,这回他失算了。那个东西原来是渔民放到海中专门引诱懒汉鱼的。懒汉鱼还没有弄清是怎么回事,就被渔民拉到了船上。

哲思 偶然中奖是可能的,但如果把买彩票当成事业来做是一点儿都不现实的。同样,幸运是会有的,但如果把幸运当成命运就是大错特错了。世上没有免费的午餐,天上没有白掉的馅饼。想不劳而获是很愚蠢的。唯有靠自己努力,才能获得成功,只有亲身奋斗才能通向胜利的彼岸。

迷路的袋鼠

别拿他人当自己的救命稻草

在澳大利亚的一片大草原上,一只袋鼠迷失了自己的方向,它找不到走出大草原的路了。要看天色已近黄昏,夜幕马上就要笼罩大地,黑暗中的种种危险,也正在一步步地逼近。

袋鼠心里明白：在黑暗中，只要自己走错一步，就有掉入深坑或陷入沼泽的可能；而如果在原地等待天亮，那些潜伏在黑暗中的猛兽就会拿自己来当晚餐。袋鼠此时感到了前所未有的恐惧。

突然，袋鼠发现了在自己的前方还有一只小兔子在不停地赶路。袋鼠高兴极了，连忙向前打招呼："亲爱的小兔子，我迷路了，你能帮我走出这片大草原吗？"

"我也正想离开这片危险的草原呢！我认识路，让我们一起走吧。"小兔子友善地对它说。

袋鼠跟在小兔子身后，不停地走啊，走啊。袋鼠突然发现自己又绕回到了原地，根本没有走出这片危机四伏的草原。它明白了小兔子和它一样，也迷路了。于是，失望的袋鼠离开了同样迷途的小兔子，摸着黑，一步一步地朝前走。

没过多久，袋鼠又碰到了一只正在赶路的长颈鹿。长颈鹿信心满满地跟袋鼠打包票，说自己一定可以带着它走出这片草原，因为自己拥有逃出草原的精确地图。于是，袋鼠又把求生的希望寄托在长颈鹿身上，它满心欢喜地跟在长颈鹿身后。直走到筋疲力尽时，还未走到草原的尽头。袋鼠忍不住要过长颈鹿手中的地图仔细一看，才发现这竟然是新西兰的地图。袋鼠又一次失望了，它离开了长颈鹿。

袋鼠漫无目的地在草原上走着。疲惫和恐惧渐渐侵蚀了它走出草原的勇气和信心。于是，袋鼠放弃了所有的希望，沮丧地躺在草原上打算听天由命，看是谁来享用自己这顿美味的晚餐。无意间，当袋鼠把手插进口袋里时，找到了一张父亲以前留给自己的一张草原地图。袋鼠若有所悟地笑了：原来，真正的路就在自己脚下。

哲思 敢问路在何方？路在脚下！我们每个人的路都是自己走出来的。当我们陷入困境，我们每个人都天生具有一份内在的地图，指引我们离开充满危险的大草原。但前提是，我们不能总是把希望寄托在别人身上，因为很多时候，真正的救星往往是自己。

小蜗牛的故事

不靠天,不靠地,我们靠自己

小蜗牛问妈妈:"为什么我们从生下来,就要背负这个又硬又重的壳呢?这壳简直太重了!"

蜗牛妈妈回答说:"因为我们的身体没有骨骼的支撑,只能爬,又爬不快。我们的身体太柔软了,所以需要用这个壳来保护我们自己。"

小蜗牛奇怪了:"毛虫妹妹没有骨头,爬得也比我们快不了多少,为什么她却不用背这个又硬又重的壳呢?我要是没有壳,肯定比它爬得快!"

蜗牛妈妈回答说:"因为毛虫妹妹能变成蝴蝶,天空会保护她啊。"

小蜗牛接着问:"可是蚯蚓弟弟也没骨头爬不快,也不会变成蝴蝶,他为什么不背这个又硬又重的壳呢?"

蜗牛妈妈回答说:"因为蚯蚓弟弟会钻土,大地会保护他啊。"

小蜗牛哭了起来:"我们好可怜,天空和大地都不愿意保护我们啊。"

蜗牛妈妈安慰他说:"所以我们有壳啊!我们不靠天,也不靠地,我们靠自己。"

哲思 "不靠天,不靠地,我们靠自己!"多好的一句格言!只有自立的人格力量才能拯救自己。如果我们永远不能自立,我们将永远不能摆脱困境。经不起小小的坎坷,当然赢不了别人的尊重。

三块钱

机会不是等来的

小红带着北京某高校法律系毕业证到一家律师事务所应聘律师。令她失望的是，该律师事务所要求十分严格，既要求有名牌大学的毕业证，又要求有律师资格证，这两关对于小红来说是没有问题的。可还有一条：必须有3年以上的律师工作经验。她并没有气馁，一再要求主考官让她参加笔试，主考官不得不同意了。她不但顺利通过了笔试，并且成绩名列前茅。首席律师对她进行了复试。

首席律师对小红十分欣赏，因为她的笔试成绩最好。可是，当他知道小红只在某法院实习过一个月时，就显得十分失望。最后，他让小红回去，并说如果录取会打电话通知她。

出人意料的是，小红突然从口袋里掏出3块钱双手捧给了面前的首席律师，请他无论录用与否都给她打电话。首席律师奇怪了："你怎么知道我不会给你打电话？"小红回答他说："你说如果录取就打电话给我，也就是我很有可能没有被录取，我想知道是由于什么原因使我这次失败了，下次我会不再犯这样的错误。""那这3块钱……"小红微笑着说："给没有被录用的人打电话不属于律师事务所的正常开支，所以由我付电话费。"

这时，从外面走进来一位中年男子，首席律师见了这人马上打一个招呼："李总。"李总点了点头，并微笑着对小红说："这3块钱我先替你保管着，我现在就通知你，你被录用了。"

哲思 小红用3块钱敲开了机遇的大门，得到了许多人梦寐以求的工作，因为她公私分明的良好品德，在律师工作中是不可或缺的。有头脑的人能够从琐碎的小事中寻找出机会，而没有头脑的人却还在那里傻傻地等待机会的降临。所以,我们要积极行动起来,不断为自己创造时机,只有这样,才能在人生的竞赛中获胜。

自己的圣人
只有自己才能成就自己

1947年,著名的美孚石油公司董事长贝里奇到位于南非开普敦的一家分公司视察工作,在卫生间里,看到一位黑人小伙子正跪在地上擦洗黑污的水渍,并且每擦一下,就虔诚地叩一下头。

贝里奇对此感到很奇怪,问他为什么要这样做,黑人小伙子答道:"我在感谢一位圣人。是他帮助我找到了这份工作,让我终于可以自食其力。"

贝里奇笑了,说:"我曾经也遇到一位圣人,他使我成了美孚石油公司的董事长,你想见见他吗?"

小伙子说:"我是个孤儿,我一直都想报答养育过我的人。这位圣人如果能让我吃饱之后,还有余钱,我很愿意去拜访他,因为如果我有了钱,我就可以报答我的恩人们了。"

贝里奇被黑人小伙子的话感动了,他说:"既然你是南非本地人,那么你一定知道,南非有一座有名的山,叫大温特胡克山。我告诉你,那上面住着一位圣人,他能给人指点迷津,凡是遇到他的人都会有很好的前途。20年前,我到南非时登上过那座山,正巧遇上他,并得到他的指点,所以才有了现在的地位。如果你愿意去拜访他,我可以向你的经理说情,准你一个月的假,并且把那个月的薪水提前发给你。"

于是,这位小伙子谢过贝里奇后就真的踏上了去大温特胡克山的路。在这30天的时间里,他一路披荆斩棘,风餐露宿,历尽艰辛,终于登上了白雪皑皑的大温特胡克山。然而,他在山顶徘徊了一整天,除了自己,山顶上再没有任何其他的人。

黑人小伙子很失望地回来了。他见到贝里奇后说的第一句话是:"董事长先生,一路上我处处留意,但直至山顶,我发现,除我之外,根本没有什么圣人。"

贝里奇说:"你说得很对,除你之外,根本没有什么圣人。因为,你自己就是你自己的圣人,这世上任何人都是靠不住的,就连我也骗了你,这世上你所能依靠的只有你自己!"

20年后,这位黑人小伙子成为了美孚石油公司开普敦分公司的总经理,他的名字叫贾姆纳。在一次世界经济论坛峰会上,他以美孚石油公司代表的名义参加了大会。在面对众多记者的提问时,他侃侃而谈,关于自己传奇性的一生,他说了这么一句话:"你发现自己的那一天,就是你遇到圣人的时候。这是贝里奇董事长送给我的最珍贵的礼物,远比我现在的地位要珍贵得多。"

哲思 这个世上有太多的人因为看不见自己,因此就只会崇拜他人、崇拜偶像,并最终让自己成为一个庸庸碌碌的普通人。心中没有"我"的人,就不会有信心,也不会有勇气,更不可能有人生的目标,只有自己才能成就自己,只有自己才能使人生变得美丽。

麻风病人的困扰

没人帮你,那就自己帮自己

从前,有个得麻风病的人,一直躺在路旁,等人把他背到有神奇力量的水池边,因为他的病很重,只有那个神奇的水池里的水能够治好他的病。但是,麻风病是会传染的,没有人愿意帮助他,于是,他躺在那儿,躺了将近四十年,仍然没有往水池迈进半步。

有一天,天神碰见了他,看他可怜打算帮助他,于是问道:"先生,你要不要被医治,解除病魔?"

那麻风病人说:"当然要!可是人们都太自私了,他所考虑的从来都只是自己,四十年了,没有一个人帮过我。"

天神根本不理会他的解释,继续问:"你要不要被医治?"

"要,当然要啦!但是我的病太重了,没等我爬过去,恐怕就已经死在路上了。"

天神听了那麻风病人的话后,有点儿生气,再问他一次:"你到底要不要被医治?"

病人说:"要!"

天神回答说:"好,那你现在就站起来自己走到那水池边去,没人帮你,你就得自己帮自己!"

天神的这番话让麻风病人深感羞愧,他立即挣扎着站起身来,走向池水边去,用手盛着水喝了几口。刹那间那纠缠了他近四十年的麻风病竟然好了!

哲思 当你跌倒时,不要等着别人来拉你,你先要自己站起来。不要为目前的处境寻找失败的借口,而应该立刻行动起来。很多时候,我们都能够依靠自己站起来。记住天神的那句话:"没人帮你,那就自己帮自己!"

大难不死的矿工

我们所能控制的只有自己

在山西的一次煤矿塌方事故中,有一名矿工在塌方的矿井下被困了整整八天八夜并最终获救。而与他被困在矿井最深处的另5个矿工的生存条件都比他好,但都没能活到获救的那一刻。

被困在井底长达8天,这名矿工是如何活下来的呢?据他本人回忆说:"当时我正在井下工作,突然间就塌方了,我心中十分慌乱、绝望,但我很快控制住了自己的情绪,安慰自己说:'没关系,我既然没被砸死,那就说明我足够幸运,我肯定能活下来,外面的人会来救我们的。'正好那天我很累,于是我就躺在木板上睡着了。"

这样的情形不知过了多长时间，除了水滴声，坑道里静得出奇。一个人长时间呆在伸手不见五指的黑暗中，肯定是会感到恐惧的。当他感到害怕时，就唱歌给自己听，然后给自己鼓掌喝彩。唱累了，他又躺在木板上睡觉，幻想着他喜欢的女子、爱吃的食物，希望能在梦中看见这些。

再次醒来时，他又竖起耳朵听，渐渐地，一些声音出现了，但很快他就发现，这些声音有点儿怪，只要他发出什么声音，那边很快就能出现同样的声音，原来是回声。为了控制住自己的情绪，他想方设法，除了唱歌、讲故事、幻想美好食物，他还坚持在坑道里玩射击游戏——将一片木板插在壁上，然后在黑暗中向它扔煤块，如果听到"啪"的一声，就是打中了。他规定自己：只有打中100次才允许睡觉。时而恐惧，时而平静，时而绝望，时而欣慰……在这八天里，他最大的敌人其实就是他自己的心魔。

除了内心的恐惧和绝望之外，他所面临的最大的困难就是食物的短缺。他的周围只有煤，煤层里会不定时地流出一些水，而食物，就只有他当初下井时口袋里所揣着的一个小小的饭团。他在吃这个饭团时是用粒来作计量单位的，每次都是一粒粒地吃，因为他自己也不知道，救他的人什么时候会来，所以他必须用这个小小的饭团来坚持更长的时间，而直到获救时，他一共吃了367粒。他在回忆时说："坑道里有水，口袋里有饭团，更重要的是，我坚信人们会来救我，我绝不能害怕，绝不能发疯，绝不能自杀，我一定要控制住自己，因为我所能依靠的，就只有我自己。"

哲思 当我们身处困境时，仅仅依靠外界的救助是远远不够的，最重要的是我们的自救。我们永远无法控制自己身处的环境，但我们能控制自己，让自己来适应周围的环境；我们虽无法预料事情的开始，却能控制事态的结果。事实上，从某种意义上看，那些伟大的人正是通过控制自己，才控制了他的整个世界。

云雀搬家

求人不如求己

一只云雀妈妈在农场的麦田里做了个窝，它在里面生了几个蛋，并且孵出了一窝小云雀。云雀妈妈为了养育自己的宝宝每天都要出去觅食，虽然日子过得很匆忙，但一切还算顺利。

渐渐地，周围的麦子成熟了，但是窝里的小云雀们，却还没有学会飞翔。云雀妈妈担心，麦田的主人决定收割麦子的时候，万一还没有搬走的话，孩子们可能就会被发现了。它内心非常的焦急，当它外出觅食的时候，就一再地叮嘱孩子们，时刻要保持警惕，如果农场主和他儿子一起到来，就要仔细倾听他们的谈话，根据谈话的内容，如果他们要割麦子了，那我们就只好搬家。

云雀妈妈离家不久，农场主和他的儿子就到了。"麦子熟了，到了割麦子的时节了，你现在就到朋友亲戚家去，请他们各自带上镰刀，明天一早就来帮我们割麦子吧。"

听到农场主和他儿子的谈话，云雀宝宝们惊慌失措，等云雀妈妈回来后，它们争先恐后地向它转述了农场主的话。云雀妈妈却说："如果农场主这样说，那我们就不用急着搬家；但明天你们必须听清楚他的话，我恐怕情况会有变化。"

第二天早上，农场主的朋友和亲戚一个都没来。

当农场主和他的儿子第二次再次来察看麦子时，农场主说："不能再耽搁了，我们犯了个大错误，依赖他人不如靠自己。从现在就开始，我们全家出动，割麦子！"

云雀妈妈一听，带着所有的小鸟，悄悄地溜走了。

哲思 农场主先是把希望寄托在了亲戚朋友们身上，但最终，他明白了靠别人永远不如靠自己这个道理。"求人不如求己"这话放之四海而皆准。这世上，再没有比自己更可信的人了。

彩蝶、橘树和蜘蛛

人要自食其力

橘树上有一种小蛀虫，这种小蛀虫靠吸取橘树树叶中的营养为生，是果农们最痛恨的害虫。有这样一只小蛀虫，它躲在树叶底下，逃过了被农药毒死的厄运，这样一来，整棵果树几乎就是它一个人的天下了。

小蛀虫每天趴在树叶上拼命吃，过一段时间以后，小蛀虫开始变得迟钝了，身子发僵，就连对那些最嫩的树叶，他也提不起胃口了。隔一天再看，原来它已经从幼虫蜕变成一只彩蝶了。不过这个时候，它的变化还没有完全完成，身体还蜷缩在一起，翅膀也合拢着没有伸展开，只是身上已经变得五彩斑斓。再过一天，它就变得强壮多了，已经可以在草木上攀登。不久，它终于可以张开双翅，在果园里自由的盘旋了。彩蝶快活极了，它有时向云霄直冲上去；有时又藏在香草丛中；有时落在翠竹的竹枝上休息；有时又翩翩起舞。果农们见了它那活泼可爱的姿态，很是喜欢，甚至忘记了它是吃自己辛辛苦苦栽种的橘树的树叶才长大的。

可是，彩蝶这样自由快乐的日子并没有持续多久。有一天，它正飞来飞去地玩得高兴，一不留神，一头撞在了蜘蛛网上。它正在挣扎间，感到蜘蛛网震动的蜘蛛已经第一时间赶了过来，把蛛丝吐在彩蝶身上身上，牢牢地捆住它，使它动弹不得。彩蝶到这时候只能等死了。果农们这时候想起了彩蝶原来是吃橘树的蛀虫变的，于是再也不愿帮它，彩蝶只好丧生在蜘蛛的口中。

彩蝶靠抢夺橘树的营养才披上了美丽的外衣，最终却死在了自食其力的蜘蛛手里。

> **哲思** 像那只彩蝶那样依靠寄生在别人的身上生活而自己不努力去拼搏的人，不管外表多么好看，也不能赢得别人的尊重，甚至不能保障自身的安全。这样的人遇到困难的时候，也往往很难博得别人的同情。而那些像蜘蛛一样自食其力的人就不同了，他们知道自己想要什么，他们靠自己的力量去为自己争取，并最终将那些"寄生虫"们踩在脚下。

不愿吃美食的狼

独立和自由才是人生的真谛

在一个月明星稀的晚上，一只饥饿的瘦狼在去村子里偷羊的时候遇到了一只肥肥的看家狗。狼很羡慕狗，想问问他如何才能让自己吃饱饭。

"你看上去怎么这么壮实？"狼问，"你肯定比我吃得好多了。"

"话倒是没错，我的确比你吃得好多了，而且永远不会挨饿。但是，如果你要吃我吃的东西，就得干我干的活。"看家狗说。

"什么活？"狼一边问一边心想：我每天拼命地觅食，那不也是干活吗？我可就没有人家吃得好。

"就是尽心尽职地给主人看家、防贼什么的。"狗回答道。

狼心想：不就是看家防贼吗？那有什么难的！于是问狗："我可以试试吗？"

狗一见狼愿意跟自己一样为主人效力，就领着狼匆匆向主人的宅第跑去。

它们在一起跑的时候，狼看到狗脖子上有一圈明显的伤疤，于是好奇地问道："你的脖子是怎么搞的？"

"是平时铁链子套在脖子上勒的。"狗满不在乎地说。

"链子？"狼吃惊了，"难道你平时不能自由自在地随意走动？"

"不能完全随我的意，"狗说，"主人怕我白天乱跑，因此把我拴起来。不过到了晚上，我还有一定的自由。重要的是我可以吃到主人吃不了的食物，主人非常地宠我,要知道,我每天都能吃到新鲜的羊肉呢……怎么啦,你怎么不走啦,你要到哪儿去?"狗一见狼正在离开它,急切地喊。

"我要回到森林里去,"狼回头说,"你吃你的美食去吧,我宁可吃得糟糕点,也不愿意让链子拴住脖子,失去了宝贵的自由。"狼说完一溜烟地跑了。

哲思 像那只看家狗那样寄人篱下也许会能得到衣食方面的照顾,但付出的代价却是使自己的自由和发展受到了限制。而那些像那只狼一样肯于自强自立的人,会依靠自己的双脚前行,到自由自在的天空中去遨游。从某种意义上来讲,狗当然比狼幸福,但从人生的高度上来看,狼无疑真正懂得人生的真谛。

第 3 课

放下了，你便拥有了

"天之道，损有余而补不足。"这句话并非出自《九阴真经》，而是出自老子的《道德经》，意思是：减损有余而补充不足，这是自然的法则。老子在这里想要传达给我们的，就是一种关于"舍"和"得"的思想。一个人如果一味地索取，那么他最终什么都得不到；如果换一个思路，先舍弃一些东西，那么他反而会有意外的收获。人生就是这样：放下了，你便拥有了。

生在鸡窝里的鹰

安逸的生活并不值得眷恋

从前有一个樵夫,他在山里打柴时,偶然间拾到一只样子很怪的鸟。那只怪鸟和刚满月的小鸡一样大小,还不会飞。樵夫看它可怜,就把它带回了家。樵夫的小儿子很喜欢这只怪鸟,于是樵夫就把它送给了自己的小儿子。小儿子很调皮,他将怪鸟放在鸡窝里,充当母鸡的孩子,让母鸡养育。母鸡没有发现这只外来的鸟跟自己的孩子有什么不同,于是也就全权负起一个作为母亲的责任。怪鸟一天天长大了,人们惊奇地发现那只怪鸟竟是一只鹰!

随着这只鹰越长越大,村子里的人们开始担心了,因为鹰毕竟是猛禽,人们生怕它会偷吃村子里的鸡。于是,为了保护自己家里的鸡,人们一致要求:要么杀了那只鹰,要么将它放生,让它永远也别回来。因为和鹰相处的时间长了,有感情,樵夫一家人自然舍不得杀它,他们决定将鹰放生,让它回归大自然。然而他们用了许多办法都无法让鹰重返大自然。他们把鹰带到很远的地方放生,过不了几天那只鹰又回来了;他们驱赶它,不让它进家门;他们甚至将它打得遍体鳞伤……许多办法都试过了,均不奏效。最后他们终于明白:原来那只鹰舍不得的是它从小长大的环境,和樵夫家里温暖的鸡窝。

后来,村里的一位老人帮助樵夫解决了这个问题。老人将鹰带到附近一个最陡峭的悬崖绝壁旁,然后将鹰狠狠地向悬崖下的深涧扔去。那只鹰开始也如石头般向下坠去,然而快要到涧底时它终于展开双翅托住了身体,开始缓缓滑翔,然后轻轻拍了拍翅膀,飞向蔚蓝的天空。它越飞越高,越飞越远,渐渐变成了一个小黑点,飞出了人们的视野。在这飞翔的过程中,这只鹰终于找回了自己的本性,舍弃了那原本不属于它的温暖的家永远地飞走了,再也没有回来。

哲思 其实我们每个人又何尝不像那只鹰一样,总是对现有的东西不忍放弃,对舒适安稳的生活恋恋不舍。我们就像温室里的花朵,养尊处优,安逸舒适,却永难突破自己,一旦危机来临,我们便会因力量不足,而陷入困境。因此,一个人要想防患于未然,要想让自己的人生有所突破,就必须懂得放弃一些我们认为很珍贵的东西,去实现自己更高的理想。

一个空花盆

舍弃该舍弃的,留住该留住的

从前有一个国家,这个国家的国王年纪很大了,但却一生无子,没有办法确定王位继承人。可老国王觉得自己的身体一天不如一天了,想尽快培养一个继承人,于是他对全国的人民宣布,要在适龄的孩子里选一个做继承人。

国王然后命令手下的官员们发给那些适龄的孩子每人一粒种子,告诉他们:"三个月之后谁能种出最美丽的花来,他就将是我的继承人!"于是,孩子们都回到家里精心地培育,希望三个月之后国王巡街的时候可以看上自己种的花。

三个月的时间一转眼就过去了,国王让孩子们捧着自己的花站在自家门前,然后国王骑上马巡街,以此来挑选自己的继承人。

每家每户的孩子们都捧着万紫千红的花卉站在街边,等待老国王来看自己的花。然而,老国王走了一路,都没找到自己最中意的那盆花,他的眉头皱得越来越紧了。忽然,老国王看到一个很羞涩的男孩抱着空的花盆站在街边,于是眼睛一亮,连忙下马向男孩走了过去。

老国王问道:"孩子,为什么你的花盆是空的呢?"

孩子羞愧地说:"敬爱的陛下,我很用心地去种了种子,但是它却一直没有发芽。我本来以为是花盆的问题,结果换了一个花盆以后它还是这样的。我又以为是泥土的问题,但是换了泥土以后它还是没有发芽,我用尽了各种办法,可是这颗种子就是不肯发芽。"说完这番话,孩子的眼中已经满是委屈的泪水,马上就要哭出来了。

可是国王却一点也不提这个孩子感到惋惜,他高兴极了,对这个孩子说:"孩子,你不用委屈,你种出的这朵花是全国最漂亮的!"然后转过头对着自己身后的大臣们说:"这个孩子,他就是我的继承人!"原来,老国王给孩子们发的种子都是煮过的,根本不会发芽!

看完了这个故事,很多人都赞美这个孩子是个诚实的孩子,他因为自己的诚实,而得到了国王的赏识。但是,绝大多数的人都没看到,这是一个关于放弃的故事。

这个孩子固然诚实,但我们要知道,他所放弃的却是成为国王继承人的机会!为什么在国王和他说话的时候他会这么难过,就是因为他知道自己的花盆是空的,一点儿也不漂亮,绝对不可能成为继承人了,然而在诚实和继承人的诱惑之间,他选择了诚实,而最终,他对于诚实的坚持让他成为了国王的继承人。而其他的孩子和他的做法恰恰相反,舍弃了诚实,而选择了抓住机会讨好国王,没有抵挡住成为继承人的诱惑,最终,他们什么都没得到。

哲思 生活中有的东西可以舍弃,比如金钱、地位;但是有的东西是不能舍弃的,比如正直、善良。如果选择错了,就不会取得成功。让我们学学那个捧着空花盆的孩子吧,舍弃该舍弃的,留住自己最珍贵的东西!

皮尔·卡丹的来历

有时,梦想并不是非坚持不可

法国少年皮尔从小就喜欢舞蹈,他的理想是当一名出色的舞蹈演员,在舞台上展示自己的魅力,得到台下观众的鲜花和掌声。可是,天不遂人愿,皮尔生在了一个平民家庭中,父母根本拿不出多余的钱来送皮尔上那些只有富人才上得起的舞蹈学校。为了养家糊口,皮尔的父母将他送到了一家裁缝店当学徒,希望他学一门手艺后能帮助家里减轻负担。皮尔非常讨厌自己的这份工作,不但因为繁重的工作所得的报酬还不够他自己一个人的生活费,更重要的是,这份工作让他离自己的梦想越来越远。

终于,皮尔不堪忍受这样的生活了,他想要自杀,因为他觉得与其这样痛苦地活着,还不如早早结束自己的生命。就在皮尔准备跳河自杀的当晚,他突然想起了自己从小就崇拜的"芭蕾音乐之父"布德里,皮尔想,只有布德里才能明白他这种为艺术献身的精神。他决定给布德里写一封信,希望对方能收下自己做学生,而如果布德里不肯收下他,他就自杀。

很快,皮尔收到了布德里的回信。当皮尔用颤抖的双手展开信纸时候,却发现布德里并没提及收他做学生的事,也没有被他要为艺术献身的精神所感动,而是在信中讲述了他自己的人生经历。布德里说他小时候很想当科学家,因为家境贫穷无法送他上学,他只得跟一个街头艺人跑江湖卖艺……最后,他说,人生在世,现实与理想总是有一定的距离。在理想与现实生活中,首先要选择生存。只有好好地活下来,才能让理想之星闪闪发光。一个连自己的生命都不珍惜的人,是不配谈艺术的。人只有努力珍惜自己眼前所拥有的,才能在这个世界上立足。

布德里的回信让皮尔猛然省悟。后来,他努力学习缝纫技术,并得到了裁缝店老板的赏识,将自己的一身本事全都教给了皮尔。从23岁那年起,皮尔在巴黎开始了自己的时装事业。很快,他便建立了自己的公司和服装品牌。他就是皮尔·卡丹。在一次接受记者采访时,皮尔·卡丹说,当自己长大之后再回想童年,他发现自己其实并不具备舞蹈演员的素质,当舞蹈演员只不过是少年轻狂的一个梦而已,是布德里先生的一封信击碎了他儿时的梦幻,让他走上了现在这条成功之路。

哲思 梦想,多么美好的一个名词。古往今来,因为坚持梦想而最终成功的人不计其数,人们常常赞誉那些功成名就的幸运者,认为必须坚强、执著、永不放弃自己的理想,才能成为生活的强者。可是当梦想照进现实,我们往往会发现,其实梦想并不是非坚持不可的,而且在一定的条件下,放弃也可能成为走向成功的捷径。"条条道路通罗马",此门不开开别门。寻找到与自己才能相匹配的新的努力方向,同样有可能创造出新的辉煌。

陶渊明弃官隐居

付出也是一种放弃

陶渊明的曾祖父是东晋名将陶侃，虽然做过大官，但不是士族大地主，到了陶渊明一代，家境已经很贫寒了。陶渊明从小喜欢读书，不想求官，家里穷得常常揭不开锅，但他还是照样读书做诗，自得其乐。他的家门前有五棵柳树，于是他给自己起了个别号：五柳先生。

陶渊明直到快三十岁才出仕为官，但是终其一生，他所就任的职位也不过是参军、县丞之类的小官，不仅壮志无法施展，而且不得不在苟合取容中委曲求全。在这个动荡不安的年代里，陶渊明看不惯当时政治腐败，辞官归家。

但是，后来因为入不敷出，陶渊明越来越穷了，就算是自己耕种田地，也养不活一家老少。他只好听从亲戚朋友的建议，再出去谋求一官半职。适时，当地官府知道陶渊明是个名门后代，又颇有文才，就推荐他在刘裕手下做了个参军。但是过了不久，他就看出当时的官员将军互相勾结，心里还是觉得厌烦之至，后又要求出去做个地方官。于是，上司就把他派到彭泽当县令……

有一次，上面派了一名督邮到彭泽视察。县里的小吏听到这个消息，连忙向陶渊明报告。陶渊明正在他的内室里捻着胡子吟诗，一听到督邮来了，觉得十分扫兴，只好勉强放下诗卷，准备跟小吏一起去见督邮。

出门时，小吏看到他身上穿的还是便服，便吃惊地说："督邮来视察，您该换上官服去拜见才是。"

陶渊明本来就看不惯那些倚官仗势的督邮，听到小吏说还要穿起官服行拜见礼，更觉得是屈辱。他叹了口气说："我不会为了小小县令的五斗薪俸，去向那号小人打躬作揖，低声下气去向这些家伙献殷勤。"

于是，他决定不去见督邮了，索性把身上的印绶解下来交给小吏，挥袖而去。陶渊明当彭泽县令，不过两个多月。他这次辞去官职，是他最后一次踏进官场。

　　随后，陶渊明回到柴桑老家，过上了从容恬淡的生活。从此，他下决心过隐居生活，空下来就写诗歌文章，来抒发自己的心情。而自打正式归隐田园之后，陶渊明享受了一段"采菊东篱下，悠然见南山"的田园乐趣。

　　陶渊明的内心追求自由和平淡闲适的生活，官场的生活不符合他崇尚自然的本真性情。陶渊明是在贫病交加中离开人世的。他原本可以活得舒适些，至少衣食无忧，但那要以付出人格和气节为代价。陶渊明"不为五斗米折腰"，从而获得了心灵的自由，获得了人格的尊严，创出了拥有个人风格并流传百世的诗文。在为后人留下宝贵文学财富的同时，也留下了弥足珍贵的精神财富。他"不为五斗米折腰"的高风亮节，成为中国后世的楷模。最后，成为了流芳千古的"田园诗人"。

　　哲思 什么都想要的人往往什么也得不到。激流勇退，并不是让我们放弃自己既定的生活目标、放弃对事业的努力和追求，而是就像陶渊明那样放弃那些已经力所不能及、不现实的生活目标。其实，任何获得都需要付出代价，付出就是一种放弃。

如果再进去一只

人生最忌犹豫不决，患得患失

　　有个人想出了一个捕捉火鸡的好办法，他用一个大箱子制成了一个陷阱，然后在箱子里放上玉米粒以此来引诱火鸡走进去，一旦火鸡进去了，只要他一拉绳子，就能把进口堵上，里面的火鸡就再也逃不出来了。

　　这天，他用自己做的陷阱来捉火鸡。不一会儿，箱子里的玉米粒就把火鸡引来了，而且火鸡的数量越来越多，从1只到3只，再到7只8只……这个人兴奋极了，他这个星期的计划就是捉到10只火鸡，没想到现在一下就捉到了8只。他很想一次性再捉两只火鸡，但是他没带多余的玉米粒，如果现在堵住出口,那明天就还得再来。于是,这个人决定再等一等。

这个人正想着,一只吃不到玉米粒的火鸡溜了出来。他懊悔地想:"刚才真该拉绳子,好吧好吧,你快回去吧,8只我也知足了,你再回去我就拉绳子。"就在他犹豫的时刻,箱子里的火鸡又出来两只,两只之后又是两只……

最后,这个人眼睁睁地看着那群火鸡心满意足地离去了。箱子里什么都没有了,包括他的玉米粒。

哲思 俗话说:"贪心不足蛇吞象。取之不易,舍亦太难。"当我们积极进取的时候,知足便是一个拧开你的气门心的钥匙。当我们欲取而不得的时候,知足常乐无疑是明智神勇之举。鱼和熊掌不能兼得。人生有时就是这么矛盾,人也就是生活在这种矛盾之中。有取必有舍,有苦才有乐。事实上,人生最忌犹豫不决,患得患失,只有懂得知足,懂得舍弃,才能让我们的人生更上一个台阶。

青年的烦恼

原来生命可以不必如此沉重

一个志向远大的热血青年背着一个大包裹千里迢迢跑来找聪明绝顶的无际大师来为自己答疑解惑。

青年说:"大师,我是那样的孤独、痛苦和寂寞。长期的跋涉使我疲倦到极点;我的鞋子破了,荆棘割破双脚;手也受伤了,流血不止;嗓子因为长久的呼喊而哑……为什么我还不能找到心中的阳光?为什么我离自己的理想还是那么远?"

无际大师敏锐地注意到了他的包裹,于是问他:"你的大包裹里装的什么?"青年说:"它对我可重要了。里面是我每一次跌倒时的痛苦,每一次受伤后的哭泣,每一次孤寂时的烦恼……没有它们,我肯定到不了您这儿。"

无际大师一下子明白了青年的问题出在哪里,然后,大师带着他来到一条河边,他们坐船过了河。上岸后,大师说:"你扛了船赶路吧!"

"什么,扛了船赶路?"青年很惊讶,"它那么沉,我扛得动吗?"

"是的,孩子,你扛不动它。"大师微笑着说,"过河时,船是有用的。但过了河,我们就要放下船赶路。否则,它会变成我们的包袱。痛苦、孤独、寂寞、灾难、眼泪,这些对人生都是有用的,它能使生命得到升华,但须臾不忘,就成了人生的包袱。放下它吧!孩子,生命不能太负重,好好看看你的包裹吧,把没用的东西扔掉,你就会发现自己无比的轻松。"

青年终于懂得了这个道理:原来,生命是可以不必如此沉重的。

哲思 痛苦、孤独、寂寞、灾难、眼泪,这些东西能使我们的人生得到升华。但是如果不把它们放下,就会成为人生的包袱。毕竟,我们不能扛着船赶路;毕竟,生命不能太负重。

想要的生活

我们为什么这样执著?

在牙买加海岸边,有一个美国商人坐在一个小渔村的码头上,看着一个牙买加渔夫划着一艘小船靠岸,小船上有好几尾大黄鳍鲔鱼。这个美国商人对牙买加渔夫抓到这么高档的鱼恭维了一番,问他要多长时间才能抓这么多?

牙买加渔夫说:"才一会儿工夫就抓到了。"

美国人再问:"你为什么不呆久一点,好多抓一些鱼?"

牙买加渔夫觉得不以为然:"这些鱼已经足够我一家人生活所需啦!"

美国人又问:"那么你一天剩下那么多时间都在干什么?"

牙买加渔夫解释:"我呀?我每天睡到自然醒,出海抓几条鱼,回来后跟孩子们玩一玩,再安安美美地睡个午觉,黄昏时晃到村子里喝点小酒,跟哥儿们玩玩吉他,跳跳迪斯科,我的日子过得又充实又忙碌……"

美国商人听了很不以为然,帮他出主意,他说:"我是学金融学的,我倒是可以帮你支支招，你应该每天多花一些时间去抓鱼，到时候你就有钱去买条大一点的船。这样你就可以抓更多鱼，再买更多渔船。然后你就可以拥有一个渔船队。到时候你就不必把鱼卖给鱼贩子，而是直接卖给加工厂。或者你可以自己开一家专门加工鱼罐头的工厂。如此你就有可能控制整个生产、加工处理和行销。然后你可以离开这个小渔村，搬到牙买加的首都，再搬到洛杉矶，最后到纽约，在那里经营你不断扩充的企业，让它不断壮大。"

牙买加渔夫问："这要花多少时间呢？"

美国人想了想回答："运气好的话，10年吧。"

牙买加渔夫问："那也太长了……"

"什么太长了，做事情要执著，只有执著地做事情，才能够得到自己想要的东西。"美国人接着说，"到时你就可以发达了——时机一到，你就可以宣布股票上市，把你的公司股份卖给投资大众。到时候你就发啦！你可以几亿几亿地赚钱了。"

牙买加渔夫问："赚那么多钱干什么呢？"

美国人说："到那个时候你就可以享受了。你可以搬到海边的小渔村去住。每天睡到自然醒，出海随便抓几条鱼，跟孩子们玩一玩，再安安美美地睡个午觉，黄昏时，晃到村子里喝点小酒，跟哥儿们玩玩吉他，跳跳舞什么的……你想想那样的日子多美啊，只要你现在执著地去做一件事情。"

牙买加渔夫说："我现在不就在过这样的生活吗？"

哲思 人生中当然做很多事情都需要我们的执著，但是我们也得明确我们执著的目的是什么。人生是艰难的航行，绝不会一帆风顺。当必须放弃时，就果断地放弃吧。放得下，才能走得远。有所放弃，才能有所追求。什么也不愿放弃的人，反而会失去最珍贵的东西。没有果敢的放弃，就没有辉煌的选择。与其苦苦挣扎，拼得头破血流，不如潇洒地挥手，勇敢地选择放弃。有时候，我们总是执著于一件事情，还不如一个渔夫那样会选择。

樵夫和草莓

不能得到就要勇敢放弃

从前有一个樵夫，每天上山砍柴是他的营生。有一天，他在上山砍柴的时候忽然遇见了一只老虎，老虎冲樵夫咆哮着，想要吃了他。

樵夫吓了一大跳，赶紧扔了自己的斧子逃走。但是他情急之下慌不择路，跑到了一个悬崖边上。老虎一直在他的后面紧追不舍，看到他在悬崖边之后也和他紧张地对视起来。樵夫看着老虎，非常紧张。正在这时，老虎忽然一声长啸，樵夫吓得一哆嗦，脚底一滑摔下了悬崖。

樵夫本以为自己死定了，但不幸中的万幸是——他的手下意识地抓住了悬崖上的一棵树。于是，他就这样被吊在了半空中。正在这个时候，樵夫忽然看到旁边的山崖上有一些野草莓，伸手可及。于是，他就伸手去采摘野草莓，并且在吃草莓的时候心里想："草莓真甜啊！"

哲思 很多人都像那个樵夫一样，明明处于很危险的境地中——前面有老虎，下面又是万丈悬崖，只有手里的树枝是维系自己生命的最后一道屏障了，但是有的人却在这个性命攸关的时刻受到野草莓的诱惑，不顾自己的性命伸手去采摘野草莓！的确，野草莓是很甜、很诱人的，而且它就在自己伸手可及的地方，实在是很让人心动。但是，在摘草莓之前应该好好考虑一下自己的处境！如果一个人处在一个前有老虎后有悬崖的境地，只能依靠一双手来支撑自己的性命，还要在这个时候伸手去摘野草莓吗？不能得到就要勇敢放弃，不愿意放弃甜美的野草莓，就有可能丢掉自己的性命。

富翁吃瓜

学会选择，勇于放弃，着眼未来

一个想要经商的青年去向一位事业有成的富翁请教成功之道，富翁没有交给他方法，却拿了3块大小不一的西瓜放在青年面前："如果每块西瓜代表一定程度的利益，你选哪块？"

"当然是最大的那块！"青年毫不犹豫地回答。

听了青年的选择，富翁微微一笑："那好，我们来吃西瓜吧！"富翁把那块最大的西瓜递给青年，而自己却吃起了最小的那块。

很快，富翁就把最小的那块吃完了，然后他从容地拿起桌上的最后一块西瓜得意地在青年面前晃了晃，大口吃起来。

青年马上明白了富翁的意思：富翁虽然选择了最小的那块西瓜，但最终却比自己吃得多，如果每块西瓜代表一定程度的利益，那么富翁在经商时，要远比青年精明。

吃完西瓜，富翁对青年说："在我像你这么大的时候，我也是跟你一样的想法。可是后来，我懂得了一个道理：要想成功，就要学会选择，勇于放弃，着眼未来。有时候，只有放弃眼前利益，才能获取长远大利，这就是我的成功之道。"

哲思 只有放弃眼前利益，才能获取长远大利。要想成功，就要学会放弃。这是多么朴素的辩证法，事实上，早在两千多年前，我们的老祖宗就教给我们这个道理了。

苍蝇和蜂蜜

不要被贪欲所控制

有一天,一只老鼠溜上了桌子,想要去偷吃油瓶里的油。就在这时,主人家的猫发现了它,结果,猫在追老鼠的过程中不慎打翻了主人的蜂蜜瓶子,瓶子从桌子上掉到地下摔碎了,蜂蜜流得满地都是。

这个时候,屋里有两只苍蝇发现了这一地的甜蜜。其中一只苍蝇很想去吃,另外一只则看到了其中的危险,劝它说:"别过去吃!可能是主人设下的陷阱,你会没命的!"但是那只苍蝇不听它的劝,说道:"怎么会呢?我刚才明明看到瓶子是被猫打坏的,和主人有什么关系?"

于是,这只苍蝇义无反顾地落到了那摊蜂蜜里面,美美地吃了起来。一边吃还一边对另外一只苍蝇说:"你快过来吃啊,这么多蜂蜜我自己吃不完呢!"另外一只苍蝇始终不敢去吃,只是在一旁很担心地看着那只只顾享受蜂蜜的苍蝇。不久,那只苍蝇终于吃饱了,它想离开,却惊奇地发现——自己动不了了!原来,蜂蜜很黏,它粘住了那只苍蝇的腿,它再也飞不起来了!

无论这只苍蝇如何挣扎,它都不可能脱身了,因为它越挣扎反而陷得越深。它的朋友在一旁很担心,但是无计可施。这只苍蝇非常后悔,它终于明白自己今天会丧命在这里,于是悲哀地对它的朋友说:"唉!我真笨,不该贪图这一点蜂蜜,以至于把自己的小命给丢了。"

哲思 其实,在生活中,像这只苍蝇一样的人也不少。他们为了"蜂蜜"这一点点蝇头小利,却在无意间放弃了更宝贵的东西——自己的生命。人都是有贪欲的,每个人都有很多想得到的东西,比如财富、权利、地位等。但是,我们在生活中要学会舍弃,只有能舍弃,才能得到,否则,受伤的往往是自己。

魔鬼的钱袋

贪得无厌的下场

鲁弗斯很想做一个富有的好人，但事实上，他的品行虽然不错，但却跟富有两个字一点都不沾边。

有一天，鲁弗斯自言自语地说："我真想发财呀，快让我发财吧，如果我发了财，我就做一个慷慨的好人……"

突然，鲁弗斯身旁出现了一个魔鬼。魔鬼说："我能让你发财，我会给你一个有魔力的钱袋。这钱袋里永远有一块金币，永远都拿不完。但是你要注意，在你觉得够了时，就要把钱袋扔掉，这时才可以开始花钱，因为你一旦开始花钱，这钱袋就会消失。"

魔鬼说完话就不见了，而鲁弗斯身边，真的出现了一个钱袋。鲁弗斯打开钱袋一看，里面不多不少，正好有一个金币。鲁弗斯把那块金币拿出来，里面又有了一块。鲁弗斯不断地往外拿金币，一直拿了整整一个晚上，他已经有了一大堆金币。鲁弗斯想：这些钱已经够我用一辈子了。第二天，鲁弗斯很饿，很想去买面包吃。但是一考虑到一旦自己花了钱，魔鬼的钱袋便会消失，于是鲁弗斯就一次又一次地遏制住了自己花钱的欲望，坐在自己家里的长凳上不断向外掏钱。

又过了一天，鲁弗斯已经快要饿晕过去了，而堆在他身边的金币已经足够他去买吃的、买房子、买最豪华的车子、买一屋子漂亮的女仆。可是他还是在对自己说："还是等钱再多一些吧！"鲁弗斯不吃不喝地工作着，金币已经快堆满屋子了。他变得又瘦又弱，脸色像蜡一样黄。鲁弗斯虚弱地说："我不能把钱袋扔掉，我要源源不断的金币……"

一个星期过去了，鲁弗斯已经饿得只剩下了皮包骨，但他还是用颤抖着的手往外掏金币。最后终于死在了他"金币辉煌"的家里。

哲思 钱赚得完吗？钱赚不完。要是谁想要把自己能赚的钱全都赚完，那么他最终就会像鲁弗斯一样栽在自己的贪欲上。对于我们这些普通人来说，钱虽然重要，但不是我们生活的一切，钱根本就是赚不完的，因此我们千万不要把自己所有的心思都放在赚钱上，否则，我们反而会失去我们最珍贵的东西。

聪明的博士

懂得放弃才有收获的资格

一位极有才华的计算机专业的博士生却找不到工作。这是为什么呢？这位博士痛定思痛，找到了其中的原因：大公司倒是想招博士生，但是他们希望招有工作经验的人，小公司可以招没有工作经验的新手，但是他们不想要博士生，他们觉得自己这个庙太小了，容不下博士生这样的大佛，怕博士生早晚会被大公司挖走。

于是，这位聪明的博士决定以一个普通本科毕业生的身份去求职。他很快就被一家公司录取，成为了这家公司的一名普通雇员。他在那家公司里从一名程序员做起，由于工作突出，不久就被老板提升为部门经理。老板很惊异于他这样一个本科生会有这样的水平，于是他亮出了他的硕士证书。又经过一段时间的考验，他又有了新的突破，被委任为系统软件开发部经理。老板觉得他的水平已经远远超过了一个硕士生的水平，于是问他是不是参加过更高级的培训。

最终，他拿出了自己的博士文凭。公司老板非常欣赏这个博士生的才华，同时也被博士能够放弃自己的身份，踏踏实实工作的精神所打动了，于是任命他做了整个公司的副总，兼任技术总监。

哲思 人生中会面临很多的选择，聪明的人懂得该在什么时候放弃。这位博士是一个智者，他在适当的时候放弃了一些东西，然后得到了更多的东西。试想一下，这个博士在找不到工作的时候如果没有舍弃自己的文凭，又找不到工作,那么他的人生什么时候才能得到成功呢?我们在生活中可能也会遇到一些与这位博士的境况相似的困境,如果我们能够像他一样,在该舍弃的时候勇敢地舍弃,那么,我们会更容易得到成功!

两个西瓜

放弃,也是一种成本

一位父亲给自己的儿子带来一则消息,某知名跨国公司正在招聘计算机网络员,录用后薪水自然是丰厚的,而且这家公司很有发展潜力,近些年新推出的产品在市场上十分走俏,而按照儿子的水平,是很有机会成为这家公司的一员的。

儿子当然不想错过这个机会,可是他现在正在参加一个职业培训,如果真的加入了那家公司,这一年来的心血就算是白费了,连张结业证书都拿不上。因此,儿子陷入了犹豫之中。

知道了儿子的苦恼之后,父亲笑了,说要和孩子做个游戏。父亲把刚买的两个大西瓜放在儿子面前,让他先抱起一个,然后,要他再抱起另一个。儿子瞪圆了眼,一筹莫展。抱一个已经够沉的了,像这么大的西瓜,他是无论如何也不可能同时抱起两个的。

"你想想办法吧,怎么才能把第二个抱起来?"父亲追问。

儿子冥思苦想,还是想不出办法来。

父亲叹了口气:"哎,你不能把手上的那个放下来吗?"

儿子似乎缓过神来,是呀,放下一个,不就能抱上另一个了吗!

儿子这么做了。父亲对他说:"既然两个西瓜不能同时抱起来,那你就只能在里面选择一个。既然应聘和培训无法两全,那你也就只能放弃其中的一个啊!"儿子顿悟,最终选择了应聘,放弃了培训。后来,他如愿以偿地成了那家跨国公司的职员。

哲思 放弃，也是一种成本，经济学上称其为机会成本。事实上，人生在世无论做任何事，都需要付出一定的成本。当我们面临两难的抉择，我们不妨放弃其中的一部分，付出自己的机会成本，然后我们就会发现自己的面前已经豁然开朗。不懂得放弃，什么都不想放弃，那又何来心想事成，梦想成真呢？

农夫弗莱明

放弃不属于自己的，往往会得到更大的收获

英国首相丘吉尔小的时候非常顽皮，经常到处乱跑，结果有一次，他在外边玩的时候不慎落水，差点淹死。幸运的是，有一个贫苦的农民弗莱明救了他。原来，那天丘吉尔落水的时候，他正在离那条水沟不远的田里干活，听到丘吉尔的求救声之后，他就毫不迟疑地把丘吉尔救了上来，让丘吉尔捡回一条命。

丘吉尔的父亲是一个很有钱的贵族，同时也是很懂礼貌的绅士。为了感谢弗莱明救了他的儿子，他便亲自到弗莱明家里感谢他。弗莱明看见一辆豪华马车停在自家门口非常惊奇，这个时候丘吉尔的父亲穿着一身笔挺的西装走下了马车，先是对农夫弗莱明深深地鞠了一躬，然后对他说："您好，我是昨天被您救起的小孩子的父亲，今天是特地来向您表示感谢的。"然后向弗莱明递上他早已准备好的酬金。

弗莱明却拒绝了他的酬金，对那位绅士说道："我不能因为救您的孩子而接受报酬，因为这是每一个有良心有尊严的人都一定会做的事情，而我的尊严是无价的。"

丘吉尔的父亲吃了一惊，他没想到面前的这个普普通通的农夫竟然也是个不折不扣的绅士。就在这个时候，农夫弗莱明的儿子小弗莱明从外面回来了。丘吉尔的父亲见到小弗莱明以后眼睛一亮，问弗莱明道："这是您的儿子吗？"弗莱明点头称是，于是，丘吉尔的父亲想出了一个报答恩人的好办法，于是向弗莱明先生提了一个建议："尊敬的弗莱明先生，我们不如订个协议吧，我带您的儿子走,让他接受最好的教育,以此来作为我对您的报答,您看怎么样?"

弗莱明先生爽快地答应了丘吉尔父亲的提议。后来,小弗莱明不负所托,发现了青霉素,成了著名的医生,并且获得了诺贝尔奖。

哲思 弗莱明虽然仅仅是一个普通的农夫,但他有自己做事情的原则,他放弃了那份在他心目中不属于自己的酬金,但是他的儿子得到了一个学习的机会,这个决定改变了他儿子的一生。想想看,如果我们处在弗莱明先生的位置上,我们会拒绝那笔诱人的酬金吗?放弃不属于我们的东西吧,我们会发现自己得到了更大的收获。

贪心的乞丐
适可而止也是一种智慧

一个乞丐在大街上垂头丧气地往前走着。他的衣服破旧得遮不住身体,他的脸黄黄瘦瘦的,看起来很久没有吃过一顿饱饭了。他一边走,一边嘀咕着:要是能让我饱吃一顿该多好啊!为什么我就这么穷呢?他痛恨贫穷,怪命运女神太不照顾自己。

正在此时,命运女神出现在乞丐的面前。乞丐揉了揉混浊的双眼,认出是命运女神,连忙跪倒在地,低声哀求道:"慈爱的命运女神啊,帮帮我这可怜的人吧!可怜可怜我吧,我现在什么都没有了。"

命运女神和气地问乞丐:"那你告诉我,你最想要什么?"

乞丐这时已把自己刚才的愿望抛到九霄云外去了,张口就说:"我要金子。"

命运女神说:"脱下你的外衣来接吧。不过不要接得太多,那样会把衣服撑破的。这些金子只有被接住并且牢牢地包在衣服里才是金子,要是掉在地上,就会统统变成垃圾。"

乞丐大喜过望,三下五去二就脱了衣服。命运女神轻轻地一挥手,只见金子像流星雨一样，闪着金光，一颗颗地落在乞丐的衣服上。渐渐堆成了一座小金山。

命运女神说："小心啊！你的衣服就要被压破了，再多装一点金子就要掉在地上了。"

乞丐看着飞来的金子，两眼放光，哪里还听得进女神的劝告，只是一个劲儿兴奋地嚷嚷："再给点儿，再给点儿！"正喊着，只听"哗啦"一声，他那破旧的衣服裂开了一条大口子。金子滚落在地上变成了砖头、玻璃和小石块。命运女神也消失了。乞丐又变得一无所有了，他只好披上那件更破更烂的衣服，继续以乞讨为生。

哲思 人不能没有欲望，没有欲望就没有前进的动力。但人却不能有贪欲，因为贪欲是无底洞，你永远也填不满它。生活中有许多这样的人：他们什么都不愿放弃，而且得陇望蜀，不知满足，结果落了个竹篮打水一场空的结局。因此，我们需要一个词，叫做"适可而止"，懂得了适可而止，我们也就不会活得那么累了。

保罗的烟瘾

有些东西，真的留不得

美国有一个石油大亨叫保罗·盖蒂，他是一个老烟民，烟瘾很大。保罗身边的亲戚朋友们很多人都在劝他戒烟，但是他从来都不听家人和朋友的劝解，因为他觉得自己很有钱，抽点烟不算什么，至于健康，那是无法预料的东西，就算自己抽了烟也不见得会比不抽烟少活几岁。他总是自我安慰地说："生命的意义不就在于享受吗？干吗要忍受戒烟带来的巨大痛苦呢？"

有一次，保罗去一个小城进行商务谈判。在旅馆里，他因为旅途劳顿，很快就入睡了。但是在半夜两点钟的时候，他醒了过来，再也睡不着了，因为他的烟瘾犯了，非常想抽烟。可是，当保罗掏出烟盒一看，他傻眼了，他的烟盒竟然是空的，他晚上的时候已经把烟都抽光了。这个小旅馆不卖烟，而且这个小城很小，仅有的一些餐厅和酒吧都关门了。唯一的办法是到几条街之外的火车站去买烟，只有那里的零售店是通宵服务的，而当时，外面正下着大雨。

保罗在犹豫要不要出去买烟，但烟瘾的折磨还是让他无奈地穿好衣服准备出门。可是，他伸手拿雨伞的时候，突然清醒过来，他责问自己："我到底是在做什么？我是一个绅士，一个有身份地位的人，一个成功的商人，一个自以为有理智的人，但是我怎么可以做这么荒谬的事呢——冒着大雨在凌晨两点的时候走好几条街，只是为了去买一包烟？难道我再也不能控制自己的理智了吗？难道我的意志竟然被这么一根小小的烟打败了吗？要是这样下去的话，我还怎么掌控我的公司呢？"

从这一刻起，保罗下定了戒烟的决心，因为他决不甘心让该死的烟瘾控制住自己。于是，他彻底扔掉了自己的烟盒，回到床上强迫自己进入了梦乡。此后，保罗真的再也没抽过一口烟，他凭着坚强的毅力把公司治理得有声有色，一直到他80多岁的时候还坚持每天工作十几个小时。

哲思 在生活中，我们是否也会像保罗一样，对于一样东西有着异乎寻常的执著，从而被外物控制了心灵？保罗通过犯烟瘾这件事悟出一个深刻的道理——人生中，有的东西是你必须要舍弃的，否则，它就会一直成为你的一个弱点，一个硬伤，一个限制，把你挡在成功这扇大门外面。

搁浅的水怪

自尊也并非不可放弃

大海里有一只强大的水怪，这个水怪平时生活在深海里，它身躯巨大，长着一对鼓眼睛，一口牙齿闪着锋利的白光，浑身披着鳞片，一天可以游好几千里路。这还不说，它可以兴风作浪，在暴风雨的时候还能够飞腾起来，直上九霄，海里的鱼虾动物们，没有一个不怕它的。

可是，这只水怪最近走了霉运，一个不注意被大浪冲上了一片浅滩，它搁浅了。别看水怪在水里是巨无霸，一旦到了陆地上，它是半步也挪动不了的，再加上它身体过于庞大，尽管它用尽全身的力气挣扎，但它仍然是没有办法回到水中去。

这时，几只水獭围拢来，见是水怪被困在那里动弹不得，就你一言我一语地嘲笑起它来。有的说："喂，大水怪，你为什么上这里呆着来了？这里可不是你的地盘啊！你平日的威风都上哪里去了呢？"有的说："水怪啊，你在水中那么威风，原来也有像现在这样落魄的时候啊，真还不如我们水獭，陆地和水里都能自由往来呢。你的一身本事呢？你倒是兴风作浪啊？"

要是在平时，水怪才不把这群微不足道的水獭放在眼里呢，可是现在，它被困住了，无计可施，只好任凭水獭们戏谑嘲弄，心里十分窝火。最后，一只颇有威信的老水獭开了口："水怪啊，你在大海里谁也惹不起又有什么用？现在可也尝到被困的滋味了吧。这样吧，虽然你平日里总是看不起我们，完全不考虑我们也有尊严，但是我们也不能见死不救，只要你开口求求我们，我们就帮你回到水中，你要不肯开口，我们可就不管你啦！"

水怪真的很想回到大海里去，但是它平时自恃清高，现在又怎么能向一群卑微的水獭服软呢？于是只好转过脸，一言不发。水獭们见它不说话，就转身离开了。

过了一阵，水獭们又来了，对水怪说："水怪啊，我们就要离开这里了，这是你最后的机会，你还是不肯求我们吗？要知道，这里荒凉得很，我们走了，就再也没人能救你了，你就只有死路一条。"

这时候，其实只要稍稍借助一点外力，水怪的困境就能够解除，可是它怎么也放不下身份，说什么也不要帮助，还打肿脸充胖子说："就算烂死在泥沙里，我也不会求你们的！我大水怪一生豪杰，可没有乞求别人帮助的习惯，你们用不着管我，爱上哪儿就上哪儿去吧。"

于是水獭们走了，再也没回来。而大水怪呢？他被自己可怜的自尊给害了，直到死也没能再回到海里去。

哲思 其实，接受帮助并不是什么丢脸的事。水怪之所以不愿意放下面子去求水獭们帮他,是他那可怜的自尊在作怪。事实上,有的时候,自尊虽然重要,但也并非不可放弃,就像大水怪,困在浅滩上,一身本领都施展不了,那岂不是一种更大的浪费吗?

象棋中的智慧

为了最重要的东西,我们不妨舍弃一些次要的

一个小男孩很喜欢下象棋,自从他的爸爸教会他下象棋之后,他就经常和他的爸爸对局。可是,小男孩的爸爸很聪明,棋力很高,小男孩总是输,但他下定了决心,一定要在下棋上胜过自己的父亲。于是小男孩开始钻研棋谱,在这期间,他的棋艺也得到了很大的提高,但是他每一次在面对他爸爸的时候,还是力不从心,十局里面要输掉九局。

有一天,小男孩又向自己的爸爸挑战了,这一次,他做了充分的准备,一心想要胜过他的爸爸。刚开始的时候,小男孩的棋下得很顺,一会儿吃掉爸爸的一个兵,一会儿又吃掉爸爸的一个马。然而,正在小男孩手舞足蹈、沾沾自喜的时候,爸爸忽然很冷静地说:"将军!"小男孩又输了。

小男孩一下子就傻眼了,没有想到自己看书学了那么久的棋,还是落败了,于是很沮丧。他爸爸对他说:"孩子,你下棋的时候,总是不知道什么是重要的,什么是次要的,你总是只注意一个子的得失,没有全局的观念,这样是不对的。因为在象棋里,"帅"才是最重要的那个棋子,你看看,你吃了我那么多棋子又有什么用?我吃掉了你的帅,你就输了。"

儿子听了以后受益匪浅,在以后下棋时都很好地注意这个问题,棋艺一天天地进步,终于有一天,他的爸爸也不是他的对手了。

哲思 人生如棋,棋如人生,我们在日常生活中做事情的时候,也要像下棋一样,谋定而后动,还要有全局的观念,这样才能保住自己的"帅"。可是我们常常会像那个小男孩一样,不知道该重视什么,该舍弃什么,我们甚至为自己吃了

别人的"兵"和"马"而兴奋不已,而最终,我们却失去了自己的"帅"。因此,我们要学会舍弃该舍弃的,保住该保住的,这样,才能在自己的人生路上无往不利。

农夫的独木舟

放弃的智慧

古时候,有一个农夫要到一个他从没去过的村庄去。农夫走啊走啊,忽然他发现如果要想到达那座村庄,还必须经过一条河流,不然的话,就得爬过一座高山。

这可怎么办呢?到底是渡过这条湍急的河流,还是辛苦爬过那座高山呢?正当农夫陷入两难时,突然看到附近有一棵大树,于是农夫就用随身携带的斧头,把大树砍下,再将树干慢慢地砍凿成一个简易的独木舟,并且还用造独木舟的边角料为自己做了一个船桨。这个农夫很高兴,也很佩服自己的聪明,最后他坐着自造的独木舟,轻松到达了对岸。上岸后,农夫又得继续往前走;可是他觉得,这个独木舟实在很管用,而且这是自己智慧的结晶,是自己辛勤劳动的成果,如果就这样抛弃了,实在很可惜!而且,万一前面再遇到河流的话,他就可以不用再花力气去再造一条船了。

所以,这农夫就决定,把独木舟背在身上走,以备不时之需。可是,这条独木舟真的很沉,就算是农夫身体强壮,没过多一会也累得满头大汗。既然舍不得扔,那就只好边走边休息,结果直到他到达了目的地,也都没有再遇到河流!这下,农夫傻眼了,他背着独木舟上路,整整多花了三倍的时间才到!

哲思 在生活中很多人总是追求或过分看中那些多余的东西。实际上,独木舟之于农夫就像名利之于我们普通人。我们明知道这些东西背在身上会很重,但却总是舍不得扔掉,结果这些东西会变得越来越重,最后把我们压得喘不过气来。因此,摆脱名利的束缚,追求简单的生活才是更明智的。这就是放弃的智慧。

第4课

一切都会过去,一切都会改变

人生在世,终究不可能一帆风顺,苦难和挫折是不可避免的。我们常说"苦难是所最好的学校",但同时,苦难也可能会成为我们人生的"监狱"。是"学校"还是"监狱",这取决于我们自己,取决于我们自己对待苦难的心态。请坚信"一切都会过去,一切都会改变",让我们用一颗坚强的心去迎接那些苦难吧,把那些苦难变成我们成长的学校。

野百合的春天

只要努力，一切不如意终将过去

在一个偏僻遥远的山谷里，有一座高达数千尺的断崖。不知道什么时候，断崖边上长出了一株小小的野百合。

野百合刚刚诞生的时候，长得和杂草一模一样。但是，它心里知道自己并不是一株野草。在它的内心深处，有一个纯洁的念头："我是一株百合，不是一株野草。唯一能证明我是百合的办法，就是开出美丽的花朵。"有了这个念头，野百合努力地吸收水分和阳光，深深地扎根，直直地挺着胸膛。

终于，在一个春天的早晨，野百合的顶部结出了第一个花苞。

野百合的心里很高兴，附近的杂草却都不屑，它们在私底下嘲笑着野百合："这家伙明明是一株草，却偏偏说自己是一株花，还真以为自己是一株花，我看它顶上结的不是花苞，而是头上长瘤了。"

它们在公开的场合讥笑野百合："你不要做梦了，即使你真的会开花，在这荒郊野外，你的价值还不是跟我们一样？"

偶尔也有飞过的蜂蝶，它们也会劝野百合不用那么努力开花："在这断崖边上，纵然开出世界上最美的花朵，也不会有人来欣赏呀！"野百合说："我要开花，是因为我知道自己有美丽的花；我要开花，是为了完成作为一株花的庄严使命；我要开花，是因为喜欢以花来证明自己的存在。不管有没有人欣赏，不管你们怎么看我，我都要开花！"

在野草和蜂蝶的鄙夷下，野百合努力地释放着内心的能量。有一天，它终于开花了，它那灵性的洁白和秀挺的风姿，成为断崖上最美丽的风景。

这时候，野草与蜂蝶，再也不敢嘲笑它了。

百合花一朵朵地盛开着，花朵上每天都有晶莹的水珠，野草们以为那是昨夜的露水，只有野百合自己知道，那是极深沉的欢喜所结出的泪滴。

年年春天，野百合努力地开花、结籽。它的种子随着风，落在山谷、草原和悬崖边上，在每一处都开出洁白的野百合。

几十年后，远在千里外的人们，从城市、从乡村，千里迢迢赶来欣赏百合花。许多孩童跪下来，闻嗅百合花的芬芳；许多情侣互相拥抱，许下百年好合的誓言；无数的人被这美景感动得落泪。

那里，被人们称为"百合谷地"。

不管别人怎么欣赏，满山的野百合都谨记着第一株野百合的教导："我们要全心全意地开花，以花来证明自己的存在。"

哲思 野百合曾是那样的不起眼，那样的被人瞧不起，可是野百合相信，只要它肯努力，一切不如意终将过去，自己终将把自己的种子传遍整个山谷，让自己成为这座山谷里最耀眼的明星！

胆小的兔子

恐惧生于臆测

在森林里，一只兔子在树丛里的一棵大橡树下做了窝。附近水草茂盛，兔子过得很快活。忽然有一天，那只兔子想到一个问题："如果天塌下来，该怎么办？"说来也巧，就在这时，大橡树上的果实落了下来刚好砸到了兔子窝上。

"哇！天塌下来了！"那只兔子以为天真的塌下来了，于是就疯狂一般地跑了出去。其他的兔子也从窝里跑出来问："到底怎么了？"

那只兔子边跑边回答："不得了了！天塌下来了！"就这样，第三、第四只兔子也陆续地跟着跑，然后，小鹿、犀牛、老虎、大象等等所有的野兽都加入了逃跑的行列，野兽们开始成群结队地向远处狂奔。

在这座山里住着一只狮子。这只狮子既有高超的捕猎本领、威武的体态，又有冷静公正的处事能力，因此被森林里的野兽们尊称为"森林之王"。但是，这次却没有任何一只野兽来请教他，大家只顾往森林外逃跑。

对于这样的事,森林之王狮子当然不能坐视不管,它问野兽们:"到底发生了什么?"

"天要塌下来了!"兽群们惊慌地回答,继续向着森林外狂奔。

"哪有这种事?一定是谁听错了,如果再这样惊慌地往森林外跑,最后大家都会跑到海边,那么野兽没有生存环境,可就全部要灭亡了!"狮子想到这些,于是,它越过群兽,跑到森林的出口,静等着野兽们的到来。

"大家停步!"站在森林出口的狮子,那威武的姿态令群兽不约而同地停了下来。狮子面对兽群再次发问:"为什么要逃走?"

群兽回答:"天要塌下来了!"

"那么是谁看见天塌下来了?是老虎还是大象?"

老虎回答:"我是听犀牛说的。"

"犀牛,你看见天塌下来了吗?"狮子又向犀牛发问。

犀牛回答是从大象那儿听来的,大象则说野猪说的,野猪则说是鹿,鹿则说是由兔子那儿听来的。就这样,最后兔子回答说:"是我听到的!天塌下来发出巨大的声响!我的窝都被砸坏了!天真的要塌下来了,您也快逃吧!"

狮子还是不为所动,他命令兽群在原地等待,而自己到那只兔子的住处去寻查。狮子仔细地审视四周,找出橡树的果实,再走回到兽群之中,把橡树的果实展示给兽群看:"大家看,这就是所谓的塌下来的天!你们这是在自己吓自己啊!"

哲思 正如这群狂奔的野兽一样,很多时候,害怕是自己假想出来的,是自己吓唬自己。当我们遇到困难的时候,坦然地面对现实吧!如果我们这么做,我们就会发现,其实那些困难,真的没有什么大不了的。

屎壳郎的哲学

处变不惊

草地上,一只屎壳郎推着一个粪球,急急忙忙往家里赶。虽然草地高低不平,但这只屎壳郎毫不在意,它推的速度比自己的同类要快得多,显然,这只屎壳郎是快乐的。

在屎壳郎回家的必经之路上,一根伸到路面上的荆棘格外显眼,这根荆棘上有根尖尖的刺,是这条路上的拦路虎。屎壳郎没有发现危险,依旧专心地、快乐地推着粪球,前进、前进……

也许是冥冥之中的安排,不偏不倚,屎壳郎推的那个粪球,一下子扎在那根荆棘的刺上了。

但是,屎壳郎好像并没有发现自己已陷入困境。它正着推了一会儿,不见动静,又倒着推,还是不见效。屎壳郎还推走周围的土块,试图从侧面使劲……该想的办法它都想到了,但粪球依旧深深地扎在那根刺上,没有任何能推动的迹象。

这时,一位过路人刚好看到了这一切,他不禁为屎壳郎的锲而不舍好笑:这样一只卑小而智力低微的动物是不可能解决这么大的一个"难题"的。

就在路人暗自嘲笑屎壳郎,并等着看它失败之后如何沮丧离去时,屎壳郎突然绕到了粪球的另一面,只轻轻一顶,咕噜——顽固的粪球便从刺上"脱身"出来。

屎壳郎赢了!

没有胜利之后的欢呼,也没有冲出困境后的万千感慨。屎壳郎就像刚才什么也没有发生过一样,又推着粪球急匆匆地走了。

哲思 事实上,我们自己在某些方面真的还不如那只屎壳郎。当我们一陷入困境,我们往往就牢骚满腹;一旦小有成就,往往就会到处欢呼……而屎壳郎则受挫时不惊,解困后不喜,这难道不值得我们学习吗?这真的是一种大智慧!

穷人的房子

痛苦?没什么大不了的

有一个穷人,他一大家子人全都生活在海边的一座小木屋里。局促的居住条件让这个穷人感到痛苦不堪,于是他去向智者求救。

穷人对智者说:"我们全家这么多人只有一间小木屋,整天争吵不休,我的精神快要崩溃了,我的家里简直就是人间地狱,再这样下去,恐怕我就离死不远了。"

智者说:"只要你肯照我说的做,你的问题不难解决。"

穷人听了这话,当然是喜不自胜,满口答应。智者听说穷人家还有一头奶牛、一只山羊和一群鸡,便说:"我有让你解除困境的办法了,你回家去,把这些家畜、家禽带到屋里,与人一起生活。"

穷人一听大为震惊,但他事先答应要按智者说的去做,只好依计而行,心里开始怀疑,这个智者是不是已经疯了。

过了一天,穷人愤怒地找到智者,指责他说:"智者,你看你给我出的馊主意!事情比以前更糟,现在我家成了十足的地狱,我真的活不下去了,你到底是不是真想帮我啊?"

智者平静地说:"好吧,你回去后把那些鸡赶出房间就好了。"看着智者淡定的面容,穷人决定再信他一次。

又过了一天,穷人这次是哭着来找智者的,他说:"那只山羊撕碎了我房间里的一切东西,它让我的生活如同噩梦。"

智者温和地说:"那你回家把山羊牵出屋去吧。"

几天过去了，穷人来找智者，看起来，他的痛苦一点都没减轻，他说："那头奶牛把屋子搞成了牛棚，请你想想，人怎么可以与牲畜同处一室呢？"

"完全正确，"智者说，"赶快回家，把牛牵出去！"

这次只过了半天，穷人就回来了，他是一路跑着来的，满脸红光，兴奋难抑。他拉住智者的手说："谢谢你，智者，你又把甜蜜的生活给了我。现在所有动物都出去了，屋子显得那么安静，那么宽敞，那么干净，你不知道。我是多么开心啊！"

哲思 在人生之路上，我们总会感受到压力和烦恼，也会遇到困难和挫折，而这些痛苦都是客观存在的，想躲也躲不了的，无论我们叹息也好，焦急也好，忧虑也好，恐惧也好，都不可能对问题的解决起到半点帮助。因此，与其唉声叹气，惶惶不安，不如拿起心理调节武器，从相反方向思考问题，主动摆脱压力和烦恼，到那时，我们就会发现，这些所谓的痛苦没什么大不了的。

人生之路

没有一帆风顺的人生

一座泥像立在路边，历经风吹雨打。他多么想找个地方避避风雨，然而他动弹不得，更无法呼喊。他太羡慕人类了，他觉得做一个人真好，可以无忧无虑、自由自在地到处奔跑。他决定抓住一切机会，向人类呼救。

这天，一位长髯老者路过此地。泥像向老人发出呼救："老人家，请让我变成一个人吧！"老者看了看泥像，将长袖一挥，泥像立刻变成了一个青年人。

"你想变成人可以，但是你必须先跟我试走一下人生之路，假如你承受不了人生的痛苦，我马上把你还原。"老者说。于是，青年跟随老者来到了一个悬崖边。

只见两座悬崖遥遥相对，此崖为"生"，彼崖为"死"，中间由一条长长的铁索桥连接着。而这座铁索桥，又由一个一个大大小小的铁链环组成。

"现在，请你从此岸走到彼岸吧！"老者长袖一拂，青年已经来到了铁索桥上。

青年战战兢兢，踩着一个个大小不同的铁链环的边缘小心地前进着。忽然，青年脚下一滑，一下子跌进了一个铁链环之中，顿时两脚悬空，胸部也被铁链环死死地卡住，几乎透不过气来。

"啊，好痛啊！快救命啊！"青年挥动双臂，大声喊救命。

"请君自救吧！在这条路上，能够救你的，只有你自己。"长髯老者微笑着说。

青年得不到帮助，拼命扭动着身躯，奋力挣扎，好不容易才从这痛苦的铁链环中挣扎出来。"这是什么铁链环，为什么卡的我如此痛苦？"青年愤愤道。"它叫名利之环。"脚下的铁链答道。

青年继续朝前走。隐约间，一个绝色美女朝他嫣然一笑，便飘然离去，不见踪影。青年刚一走神，脚下一滑，又跌入另一个铁链环中，被死死卡住。

"救……救命啊！好痛啊！"青年忍不住再次求救。可是四周一片寂静，没有人回应他，也没有人来救他。这时，长髯老者再次出现，对他微笑着缓缓说道："这条路上没有人可以救你，你只有自救。"

无奈又无助，青年拼尽全力，才从这个铁链环中挣扎出来。精疲力竭的他小心地坐在两个铁链环间小憩。"刚才这又是什么铁链环呢？"青年在琢磨。"它叫美色之环。"脚下的铁链答道。

经过一阵休息，青年顿觉神清气爽，心中充满了幸福愉快的感觉，因为他在为自己能努力从铁链环中挣扎出来而庆幸。

青年继续赶路。然而料想不到的是，他接着又掉进了贪欲之环、嫉妒之环、仇恨之环……待他从这一个又一个痛苦的铁链环之中挣扎出来，青年已经疲惫得不成样子。抬头望去，前面还有漫长的一段路，但他再也没有勇气走下去了。

"老人家！老人家！我不想再走人生之路了，你还是让我回到从前吧。"青年痛苦地呼唤着。

长髯老者再次出现，他对青年说："要知道，这就是人生路！要想享受人生，就必须要经历这些的啊！"

哲思 人生虽说短短数十载，却是一路风风雨雨相伴，磕磕绊绊不断。有风险，也有诱惑；有苦难，也有悲歌。人的一生需要迈过的门槛很多，稍不留神就会栽在其中一道坎上。等真正坚持走下来，在年老时回首往昔，如果我们没有因自己碌碌无为而羞耻，也没有因虚度年华而悔恨，我们这平凡的一生，也将是无悔的人生。

不服输的林肯

顽强的意志成就辉煌的人生

亚伯拉罕·林肯是美国历史上最伟大的总统之一。可是，人们往往看到的都是他叱咤风云的风光一面，很少有人知道林肯这一生经历的失败要比成功多得多。

1832年，林肯失业了，这显然使他很伤心，但他下决心要当政治家，当州议员。糟糕的是，他竞选失败了。在一年里遭受两次打击，这对他来说无疑是痛苦的。接着，林肯着手自己开办企业，可一年不到，这家企业又倒闭了。在以后的17年间，他不得不为偿还企业倒闭时所欠的债务而到处奔波，历尽磨难。随后，林肯再一次决定参加竞选州议员，这次他成功了。

他内心萌发了一丝希望，认为自己的生活有了转机："可能我可以成功了！"可令他意想不到的是，在这次成功之后，迎接他的将会是无休止的失败和挫折。

1835年，林肯订婚了。但离结婚还差几个月的时候，林肯的这位未婚妻不幸去世。

未婚妻的死对林肯造成的打击是无法估量的，他心力交瘁，数月卧床不起。1836年，他得了神经衰弱症。1838年，林肯觉得身体状况良好，于是决定竞选州议会议长,可他失败了。1843年,他又参加竞选美国国会议员,但这次仍然没有成功。

一次次的失败并没有将林肯击倒,林肯是一个聪明人,他具有执著的性格,他没有放弃,他也没有说:"要是失败会怎样?"1846年,他又一次参加竞选国会议员,最后终于当选了。两年任期很快过去了,他决定要争取连任。他认为自己作为国会议员表现是出色的,相信选民会继续选举他。但结果很遗憾,他失败了。

这次选举花光了林肯所有的积蓄,为此,他还欠下了一大笔外债。后来,林肯申请当本州的土地官员。但州政府把他的申请退了回来,上面指出:"做本州的土地官员要求有卓越的才能和超常的智力,你的申请未能满足这些要求。"接连又是两次失败。然而,顽强的林肯就是不肯服输。1854年,他竞选参议员,又失败了;两年后他竞选美国副总统提名,结果被对手击败;又过了两年,他再一次竞选参议员,还是失败了。林肯一直没有放弃自己的追求,他一直在做自己生活的主宰。

终于,到了1860年,林肯取得了他一生中最重要的一次成功,他得到了200万张选票,成功当选为美国第16任总统。

哲思 林肯虽然一次次地尝试,但却是一次次地遭受失败:企业倒闭、爱人去世、竞选败北。要是你碰到这一切,你会不会放弃——放弃这些对你来说是重要的事情?困难和挫折,对人生而言,是在所难免的,但同时"苦难也是一所最好的学校"。因为,具有坚强毅力的良好品格、受到挫折后的恢复能力和百折不挠、不向挫折屈服的精神,是一个成功者不可缺少的素质。培养顽强的意志和承受挫折的能力,对我们的人生尤为重要。

狂妄的小土豆

心态决定命运

秋天的一个早晨,一位农夫在在自己种的地里刨土豆,他那八岁的儿子也跟在父亲身后来帮忙,把刚刨出的土豆装进口袋里。

忽然,儿子发现装土豆的麻袋底下破了一个不大不小的洞。"爸爸,口袋破了一个洞,怎么办?"儿子问父亲。

"儿子,你捡几个大一点的土豆放在口袋底下,就可以挡住洞口,小个的土豆就不会掉出来了。"农夫说完,又埋头刨起土豆来。

儿子听了父亲的话,挑了一些个大的土豆装在袋子底下,而把小个的土豆放在上面。中午,农民收工了。他赶着马车,车上拉着他的儿子和那一袋土豆,朝镇上赶去。下午四五点钟,正是下班的人买菜的高峰时间,因此他们赶在这之前,把土豆卖给城里的菜贩子。

"哈哈哈,你们这些傻大个!个子大有什么好,还不是要乖乖地被我踩在脚下?"一个最后被放在袋子里的小不点土豆尽情地嘲笑那些垫在底下的大土豆们。

"唉,这是什么世道,大个子反被小个子欺。"一个大土豆伤心地叹息起来。

"喂,我说兄弟们,咱们得想办法把这小子揍一顿。"另一个大土豆气愤地叫嚷道。

"老弟,安静点,我们只是暂时被困在最下面,过不了多久肯定就会有出头之日的。到时候主人会把我们全都倒在地上,到了那时,谁在顶上谁摔得最疼!"一个正挡住口袋洞口的大土豆自信地对其他大土豆说。

"呸,别妄想了,你看看袋子底下,那里有个破洞,车子这么颠,一会就把你们全都颠出去……"小土豆话还没说完,马车的轱辘压到了一块土坷垃,车子剧烈的震动了一下,小土豆一个趔趄,差点滚到了口袋底下。那个破洞虽然不足以让大土豆掉出去,但让那个狂妄的小土豆掉出去却是绰绰有余了。小土豆拼命地抓住口袋边缘,想留在上面,无奈身材太小,还是从两个大土豆的缝隙间滚到了口袋底。小土豆眼看着自己离破洞口不远,便拼命地滚动身子,想挤到上面去,却不曾想到马车猛地一颠,小土豆反被挤出了洞口,滚到了农夫儿子的脚边。坐在马车上的儿子见有个小土豆滚到了自己脚边,便用力一踢,想把小土豆踢到袋子那里去,却不曾想到用力大了点,那个小土豆被踢得皮开肉绽,全身伤痕累累。小土豆心里暗暗叫苦,只得怪自己命运不济。

到了镇上,农夫刚把自己的土豆倒出来,就有一位菜贩子走了过来。这个菜贩子见到农夫的土豆个大又新鲜,便决定全部买下。过完秤后,农民发现了那个遗落在车上的小土豆,便赶忙捡起来,对那位老板说:"先生,这里还有一个,送给你吧。"

"哦,谢谢,我不要了,这个又小又丑的土豆,没有人会喜欢的。"说完,老板拿起那袋土豆走了。

"嗨,我一个种土豆的,家里也不在乎这个又小又破又烂的小土豆。"农民自言自语地说完,便顺手把小土豆扔到了街边的垃圾桶里,这就是这个狂妄的小土豆的悲惨命运。

哲思 正如世界著名的潜能学大师安东尼·罗宾所说:"影响我们人生的绝不是环境,也不是遭遇,而是我们对这一切持什么样的态度。"上面这个寓言故事中的大土豆,虽然经历了磨难,却最终有了一个好的结果;而那个本来处在很好环境中的小土豆,其结局是遭到了人们的遗弃。这虽然是一个寓言故事,却说明了心态的重要性。心态的改变,就是命运的改变。

蜂 蜜

用平和的心态面对挫折

从前有一个智者,他充满了智慧,看透了世上的一切东西,因此他拥有一颗平和的心,他每天都过得很快乐。

一天,他从商店里买了一瓶上好的蜂蜜,然后喜滋滋地拿着往家走,心里感慨着生活的甜蜜。但是忽然发生了一件让人很遗憾的事:他不小心踩在路边的积水上滑倒了,智者摔得不轻,那瓶蜂蜜也被打碎了。

路人赶忙把智者扶了起来,然后很惋惜地看着地上那些蜂蜜,说道:"哎呀,太可惜了,你的蜂蜜瓶打碎了。"

可是智者甚至还没有那些事不关己的路人难过,他没有对打碎的蜂蜜瓶发表任何意见,只是转过身又回到商店里去了。

商店里的人看见他以后问:"你有什么东西忘记了吗?"

他笑着回答道:"我再买一瓶上好的蜂蜜。"

售货员很惊奇,说道:"你不是刚刚才买了一瓶吗?"

他笑着说:"那瓶蜂蜜刚才被我不小心打碎了。"

售货员又给智者拿了一瓶蜂蜜,在智者付账的时候,售货员忍不住问道:"我很奇怪,为什么你把蜂蜜瓶打碎了还这么开心呢?"

智者哈哈大笑,然后对他说:"我每天都很快乐,不会因为把蜂蜜瓶打碎了而不快乐啊。蜂蜜瓶既然都已经被打碎了,那么伤心难过又有什么用呢?对我又有什么帮助呢?"

哲思 我们在人生当中都不可避免地会遭遇挫折,但是,在遭遇挫折之后,我们应当以什么样的心态来面对这些挫折呢?是悲天悯人、自怨自艾,还是以平和的心态面对,把过去的一笔勾销,重新开始?故事中的智者给我们做了一个好榜样。我们只有把过去的失败都抛开,才能以崭新的心态去面对新的生活。只有像那个智者一样拥有平和的心态,我们才能每天都像他那么快乐。

只要斧头还在

在灰烬中重头再来

在大山深处的一个村寨里,住着一位以砍柴为生的樵夫。樵夫的房子很破败,为了拥有一所亮堂的房子,樵夫每天早起晚归。五年之后,他终于盖了一所比较满意的房子。

有一天,这个樵夫从集市上卖柴回家,发现自己的房子火光冲天。原来他的房子失火了,左邻右舍正在帮忙救火,但火借风势,越烧越旺。最后,大家终于无能为力,放弃了救火。

大火终于将樵夫的房子化为灰烬。在袅袅的余烟中,樵夫手里拿了一根棍子,在废墟中仔细翻寻。围观的邻居以为他找的是藏在屋里的值钱物件,于是好奇地在一旁注视着他的举动。过了半晌,樵夫终于兴奋地叫着:"找到了!找到了!"

邻人纷纷向前一探究竟,只见樵夫手里捧着的是一把没有木把的斧头。樵夫大声地说:"只要斧头还在,我就可以再建造一个家。"

哲思 当一切已经化为灰烬,只要我们的梦想还在,激情还在,斗志还在,又有什么值得悲伤与气馁的呢?与其终日痛哭悔恨,不如放眼未来,从头再来。我们每个人都不会真正地输得精光,在无情的大火吞噬了我们的一切时,别忘了我们还有一把斧头。再退一步说,即使没有斧头,我们不是还有自己吗?

失败的应聘者

承受失败,做一个顽强的人

被誉为"经营之神"的松下幸之助是日本著名电器厂商松下公司的创始人。有一次,松下公司招收 10 名基层管理人员,报名的人很多,经过层层的筛选,最后用计算机评出了 10 名获胜者。公司按照结果下发给那 10 个人录取通知书。但是,总裁松下幸之助审阅名单的时候发现了一处很奇怪的地方,在他亲自面试应聘者时,那个能力很强,给他留下最深刻印象的年轻人并没有被最终录取。

松下幸之助立即命令自己的秘书去人事部问个明白,结果发现那个年轻人本来已经被选上了,是第二名,但是因为计算机出了错误,所以才没有出现在最终名单上。松下公司为了弥补这个过错,马上发去了录取通知书,结果却得到一个惊人的消息:那个年轻人已经在今天早上因发现自己没有被梦寐以求的松下公司录取而自杀了。

很多人听到这件事情以后都为那个年轻人惋惜,也为公司惋惜,觉得松下公司少了一个人才,甚至有人说是松下公司的失误才让这个年轻人走上了不归路。

松下幸之助听到这个消息以后沉默了很久,然后说:"这个年轻人的死是他们家里的一大损失,但是却不是我们松下公司的损失。幸好我们没有录取他,像他这么脆弱的人是干不成大事的,而且这样承受不住压力的人也不会成为一个很好的管理者。"

哲思 在人生当中,每个人都会遇到很多的挫折和困难,如果一个人不能够承受压力,不能够面对挫折,那么他永远也不可能取得什么真正的成就。一个人要想成功,一定要有能够承受失败的能力。我们应该保持一颗平和的心,胜不骄,败不馁,做一个顽强的人。这样才能更好地走好人生之路。

小虾的勇气

困难像弹簧，你弱它就强

一天，一只小虾在海底玩耍时，遭到了比它个子大的泥鳅的欺负。受辱后的小虾沮丧极了，它没把这件事跟自己的父亲说，只是整天待在家里不敢出门。因为在它看来，待在家里至少可以保证不受讨厌的泥鳅的欺负。

几天之后，父亲给小虾一些钱，说海滩附近正举行一场盛大的游乐会，它可以拿着这些钱去买一些自己喜欢吃的小点心。小虾最喜欢热闹了，它高兴地接过钱，出门去了。但一出门，它就想到了泥鳅欺负自己的事，于是它只在家门口遛了一大圈便回家了。接下来一连好几天，小虾都待在家里，不出家门半步。

"儿子，你是不是生病了？"小虾父亲见儿子精神不振，便关心地问道。

"哦，不是，只是这段时间瞌睡多了点。"

"那更得走出家门去活动活动筋骨，老是待在家里，会憋出毛病来的。"

小虾为了不让父亲对自己产生怀疑，便只好硬着头皮走出家门，来到了游乐场。说来也巧，泥鳅突然出现在小虾面前，并且恶狠狠地盯着它。小虾吓了一大跳，一见是泥鳅，赶忙掉头往家里跑，当它气喘喘吁吁、全身发抖地跑回家之后，却发现父亲正端坐在家里。"你怎么这么快就回来了？为什么吓得全身发抖呢？"父亲问。

"我正在和朋友们捉迷藏呢。"小虾解释道。

这时，家门口传来了小虾最害怕的泥鳅的声音："出来，胆小鬼！你别以为躲在家里我就不打你了！"小虾的脸色瞬间变得苍白无比。

只见小虾的父亲从门后拿出了一根木棍，然后平静地对小虾说："要不你出去面对泥鳅，要不就躲在家里挨揍。"

"我……"小虾犹豫了。父亲便不多说，棍棒如雨点般落了下来，小虾感觉到那种痛楚，远远超过了被泥鳅欺负时挨过的拳头。

于是,小虾猛地冲出了家门,出其不意地攻击了正在洋洋得意的泥鳅。由于泥鳅没有想到小虾会有胆量冲出来,结果被小虾揍了个措手不及,狼狈地逃走了。

哲思 逃避现实解决不了任何问题,最明智的做法就是给自己勇气,正视现实。我们常说困难像弹簧,你弱它就强,如同寓言中的小虾一样,当它鼓足勇气去面对比自己强大的泥鳅时,结果胜利者却是自己。在生活中,谁也无法预料今后会发生什么情况,因此,面对难题或压力,我们决不能怯懦地选择逃避现实,否则,这些难题和压力就会把我们越缠越紧、越缠越累,只有正视它们,用力量和智慧之剑去斩断它们,我们才能走出恐惧的阴影,为自己开创一个新的局面。

被撕破的 20 美元

生命永远不会贬值

一天,美国一位极有影响力的演说家在自己的演讲中做了这么一件事:

演说开始时,演说家高举着一张 20 美元的钞票,然后问现场的听众:"大家谁想要这 20 美元?"大家虽然不明白演说家想要表达什么,但还是踊跃举手表示他们想要这 20 美元。

然后,演说家将这 20 美元揉成一团,问:"现在还有人想要这 20 美元吗?"听众们仍然纷纷表示想要。

再然后,演说家把这 20 美元摊开放在地上,用脚死死地踩住,问:"现在还有人想要这 20 美元吗?"不出意外,听众们的答案依然是——想要。

最后,演说家把这 20 美元撕成两半,然后问:"这回你们还想要吗?"大家也表示愿意要这 20 美元。

在这一刻,现场的气氛已经达到了顶峰,所有人都想知道演说家到底想要表达的是什么。于是,这个演说家开始了他的演讲:关于人生的价值。他告诉人们，我们自己就像那张20美元的纸币一样，或许有的时候会被人揉成一团，有的时候会被人踩在脚下，甚至有的时候会被别人撕成两半，但是我们并不会因此而贬值，我们还是我们自己。

哲思 在生活中，永远都要记住，我们就像那张20美元一样，哪怕被撕破了，我们也还是我们自己，因为生命永远不会贬值。既然如此，我们为什么要为现在一时的困难而沮丧呢，我们为什么要为现在的处境而灰心丧气呢？我们总会有成功的那一天的！因此，我们可以带着一颗平和的心去面对生活，面对以后的一切挑战！

脚比路长

不要理会困难，顽强地走下去

阿拉比王国是一个座落在茫茫沙漠中的国家，多年的风沙肆虐，让这座原本美丽富饶的城市变得满目疮痍，国家里的人口也越来越少了。

一天，国王将他的四个王子召集到一起，对他们说："我听说西方有个美丽的地方叫卡伦，那里的环境要比这里好得多，我打算把国都迁到那里去。但是，这里去卡伦的路可不太好走，要翻过许多崇山峻岭，要穿过草地、沼泽，还要涉过很多的大河，具体怎么走，没有人知道。"国王看了看王子们继续说："因此，我决定让你们四个分头前往探路。"四个王子都惊异于自己父王的决定，但他们还是服从了命令，带上充足的物品出发了。

大王子徒步走了八天，翻过四座大山，他发现自己的面前是一片一望无际的草地，他一问当地人，才知过了草地，还要过沼泽，还要过大河、雪山……于是大王子失去了继续探路的信心，转身回去了。二王子策马穿过一片沼泽后，被一条宽阔的大江挡住了去路，望着奔涌的江水，他掉转了马头……三王子乘船渡过了两条大河，但却走进了另一片茫茫沙漠，他差点迷失在里面，好不容易才找到了回去的路……一个月后，三个王子先后回到国王身边，将各自沿途所见报告给国王,并都再三特别强调,他们在路上问过很多人,都告诉他们去卡伦的路很远很远,并且路途极其艰难,迁都到哪里根本是不现实的事情。可是——还有一个问题,小王子呢?

又过了六天,小王子风尘仆仆地回来了,他兴奋地向自己的父王报告——到卡伦只需十八天的路程。国王满意地笑了:"孩子,你说得很准,其实我早就去过卡伦。"几个王子不解地望着父王——那为什么还要派他们去探路?

国王一脸郑重地说道:"我的最终目的只是想让你们懂得一个道理——脚比路长。"

哲思 诗人汪国真曾经说过:"没有比脚更长的路,没有比人更高的山。"脚比路长,这是古人对于生命的感悟,更是他们智慧的结晶。他们告诉我们,无论远方有多远,只要一脚一脚地执著地去走,所有的坎坷都将被我们踩在脚下。的确如此,当我们遭遇困境时,最有效的解决态度就是"迎向前去",这样不仅可以减少与问题纠缠的时间,而且能将力量集中于一个焦点,从而全力突破逆境的困扰。

掉进奶油桶的青蛙

自信,让困难退避三舍

从前有三只青蛙,他们是好朋友。一天,这三个好朋友决定结伴出去旅行,好让自己长长见识,于是他们就上路了。但是,无论它们中的哪一个,都没有出远门的经验,结果它们昏头昏脑地跳到一家奶油作坊里,一不小心就掉进了一只鲜奶油桶中。

对于掉进奶油桶中这件事,三只青蛙各有各的想法。第一只青蛙想:"哎呀,我太惨了,这一切都是我的命啊,我今天注定要死在这里了!"于是,它很消极、很认命地盘起后腿等待死亡的降临,死神自然不会放过这个好机会,这只青蛙很快就憋死了。第二只青蛙也很悲观,它想:"这桶太深了,我是跳不出去的,算了,我还是省点力气吧,既然都要死了,还浪费力气做什么?"于是,这只可怜的青蛙的命同样也被死神收走了。

第三只青蛙却和两个同伴的想法完全不同,它的心态非常积极,也非常自信,它想:"我掉进来很不幸,但我的后腿很有劲,只要能够找到垫脚的东西,我就可以跳出奶油桶。"于是,第三只青蛙一边划一边跳,最后把鲜奶油都搅拌成了奶油块。第三只青蛙踩在奶油块上,跳出了奶油桶,继续好好地生活,它依靠自己的自信和努力拯救了自己的生命。

哲思 是什么救了第三只青蛙的命?是自信。生活中,我们也会像那三只青蛙一样遇到同样的困境,但是为什么在同样的困境里有的人可以走出来,有的人却只能一生受制于命运呢?事实上,这完全是心态上的差异,只有自信的人、只有积极自救的人才能拯救自己!因此,我们要相信自己——我能行!

凡尔纳的退稿信

乌云过后就是晴天

被誉为"现代科幻小说之父"的儒勒·凡尔纳在年轻时也有过一段不如意的经历。

一个早晨,凡尔纳刚吃过早饭,突然听到一阵敲门声。凡尔纳开门一看原来是一个拿着一包鼓鼓囊囊的邮件的邮递员。一看到这样的邮件,凡尔纳就预感到不妙。自从他几个月前他完成了自己的第一本科幻小说《气球上的五星期》后,他已经先后收到了14封各大出版社的退稿信。

凡尔纳怀着忐忑不安的心情拆开了自己的邮件,果然,这是第15封退稿信。上面写道:"凡尔纳先生:尊稿经我们审读后,不拟出版,特此奉还。××出版社。"每看到这样一封退稿信,凡尔纳都是心里一阵绞痛。凡尔纳此时已明白,自己在出版界只是一个无名小卒,那些出版社的"老爷"们是如此看不起无名作者。他愤怒地发誓,从此再也不写了。

愤怒的凡尔纳准备将自己辛辛苦苦几个月才写成的手稿付之一炬。凡尔纳的妻子赶过来，一把抢过手稿紧紧抱在胸前。此时的凡尔纳余怒未息，说什么也要把稿子烧掉。他妻子急中生智，满怀关切地安慰丈夫："亲爱的，不要灰心，再试一次吧，也许这次能交上好运的。"

听了这句话以后，凡尔纳抢夺手稿的手慢慢放下了。他沉默了好一会儿，决定接受妻子的劝告，抱起这一大包手稿到第16家出版社去碰运气。这次，凡尔纳终于没再收到退稿信，这家出版社立即决定出版此书，并与凡尔纳签订了20年的出书合同，鼓励凡尔纳继续写作下去，自此之后，凡尔纳终于走上了自己成为一代文豪的成功之路。

哲思 凡尔纳的故事告诉我们：太阳落了还会升起，乌云过后就是晴天，不幸的日子总有尽头，过去是这样，将来也是这样。在许多人频频遭遇失败的时候，那些有必胜信念的人成功了，他们应该成功。永不放弃的人总会成功，对他们来说，成功就像明天早上的太阳一定要升起一样肯定！

不过是回到从前而已

豁达地面对人生

从前有一个船夫，他的工作就是在一条河上摆渡，把来往的行人送到河对岸去。这一天，船夫正在划船，忽然看到有人在河边投水了。船夫很快跳下水把人救上船，发现跳水自尽的是一个少妇。

船夫把少妇救上岸之后，少妇哭哭啼啼地还要自尽，于是船夫就问她："你为什么要自尽啊？"

少妇向船夫哭诉道："两年前我嫁了人，开始的时候我丈夫对我还挺好，我们也很恩爱，有了一个很可爱的孩子，可是后来他喜欢上了别人，还抛下我与孩子，和别人一起跑了。我含辛茹苦地拉扯孩子，可是前两天我的孩子居然得了疾病,我带着他四处求医,可是还是没有治好他。他就这么去了,只有一岁多啊,我可怎么办呢?我现在没有丈夫,就连唯一的孩子也没有了,怎么办啊?你为什么要救我?你还是让我死了的好!呜呜呜……"

船夫也觉得这个少妇的遭遇很悲惨,于是打算开导开导她,让她有勇气继续活下去。忽然,船夫灵机一动,对少妇说:"两年前的时候你在干什么呢?"

少妇愣了一下,然后说道:"我那个时候还在家里,和爸爸妈妈哥哥姐姐弟弟妹妹生活在一起,虽然家里的收入不多,但是我们一家人过得很开心。"

船夫又问:"那个时候你认识你的丈夫吗?"

少妇回答说:"没有,那个时候我们还没有见过面,我还不认识他。"

船夫继续问道:"那个时候你有儿子吗?"

少妇脸红了,气愤地说:"我那时候还没有结婚呢!我怎么可能会有孩子呢?我可不是那种女人!"

听了少妇的回答以后,船夫哈哈大笑,然后说道:"既然两年前你既没有丈夫也没有儿子,那么现在也不过是回到两年前而已啊!想想吧,那个时候你是多么的开心。你就只当成是一下子回到了两年前不就好了吗?"

少妇听了以后止住了哭泣,也没有了求死的想法,她安心地想到:"其实真的没有什么可伤心的,只不过是回到从前而已!"于是,船夫把少妇送到岸边,少妇拜谢了船夫的救命之恩,回到了娘家,开始了自己新的生活。

哲思 那个船夫是个很聪明的人,他用乐观的心态去引导少妇,让她往好的方面想,让她明白自己的处境并不是很糟糕,从而使其有了活下去的信心。而在现实中,我们在生活中也常常会遇到一些困难,但就是有些人会像那个少妇一样钻牛角尖,想不开,最后走上绝路。但事实上,只要我们每天快乐多一点,豁达的面对人生,我们就会发现,就算是再大的挫折和失败,也只不过是让我们回到从前而已。

倒霉的小虎鲨

不要被困难所击倒

一只倒霉的小虎鲨被人类的捕鱼船捉住了，不过万幸的是，人类没有杀掉它，而是将它卖给了一家专门研究鲨鱼的机构。其实想想，这样的生活也挺不错的，至少小虎鲨不用再自己费力的去捕食了，研究人员会定时把食物送到池中，并且大大小小的什么鱼都有，小虎鲨可以很轻松地就填饱肚子。

这一天，研究人员将一大片玻璃放到池中，把水池隔成两半，然后把活鱼放到玻璃的另一边。小虎鲨没能看破研究人员的"诡计"，一见到食物，马上就冲了过去，可是却一头撞在了玻璃上，鱼没吃到，还弄得自己头昏眼花。小虎鲨不信邪，等了几分钟，看准了一条鱼，嗖地冲过去，这一回撞得更痛，差点没昏过去，还是吃不到。休息10分钟之后，小虎鲨饿坏了，这次看得更准，盯住一条更大的鱼，拼命地冲过去，情况没改变，小虎鲨撞得嘴角流血。它想不通到底是怎么回事？小虎鲨瘫在池子里。最后，小虎鲨拼了最后一口气，嗖！再冲！仍然被玻璃挡着，撞了个全身翻转，鱼就是吃不到。虽然小虎鲨到现在也不明白到底发生了什么，但它知道，那些鱼是不属于自己的，自己肯定吃不到了。

就在这时，研究人员又来了，这次，他们把池子里的玻璃撤走了，对面的鱼游到了小虎鲨的身边来。小虎鲨看着身边的鱼再也不敢去吃了，可是又饿得眼睛昏花，不知道该怎么办。

哲思 其实在很多时候，我们跟那只小虎鲨是一样的，那些横亘在我们眼前的困难就像那块玻璃，把成功与我们死死隔开，我们甚至也会像小虎鲨一样撞得头破血流。但是，我们也要像它那样被困难所吓倒吗？要知道，问题早晚会被解决，障碍早晚会被逾越，但如果我们已经被困难所吓倒，我们也就再也没有成功的机会了。

两个老太太

任何困难都敌不过进取心

有两个老太太,她们是邻居。这两个老人的情况非常相似,老伴去世了,儿女也都不在身边。所以,两个老太太平时走得非常近,就像一家人一样,她们经常在一起聊天、逛街、晒太阳。但是,虽然她们有很多的共同点,但是她们的心态很不一样。

一个老太太觉得自己已经活得够久了,孩子们不用自己操心,老伴也去世了,这个世界上再也没有什么可让她感到留恋的东西了。于是,她开始准备自己的后事,把遗嘱、棺材、寿衣什么的都准备好了。她和另一个老太太聊天、晒太阳的时候也提不起什么兴趣,对生活已经完全没有了热情。结果第二年,这个老太太就去世了。

另外一个老太太的态度完全和她相反,她没有觉得自己很老,儿女的远离和老伴的去世反而让她过上了自由自在的生活,她觉得自己好不容易没有负担了,可以安安心心地做自己喜欢的事了,一切都随心而行,过得很愉快。她去报了一个美术班,练练画画;还经常参加老年人的健身活动和聚会。日子过得比另一个老太太滋润多了。

后来,第二位老太太又迷上了登山,她喜欢登上高山以后那种"会当凌绝顶,一览众山小"的感觉,于是兴致勃勃地报名参加了一个登山俱乐部。她学了很多登山的技能,在95岁的时候,还和队友一起登上了日本最著名的山——富士山。她就是大名鼎鼎的胡达·克鲁斯太太,她的成就被写入世界吉尼斯纪录。

哲思 所有困难都是相对的,胡达·克鲁斯太太甚至可以征服我们平常认为的最不可能被征服的障碍——年龄,而她所依靠的,正是自己的进取精神。我们在生活中也会遇到一座座的高山,很多人在这座名叫"困难"或者"挫折"的山面前就止步了,觉得自己无法逾越它们。自己给自己设限,自己和自己过不去的人翻不过困难那座山。他们会像第一个老太太那样,迎来死亡或者失败,可事实上,任何困难都敌不过人的进取精神。

幸运的孪生兄弟

顶住压力,实现生命的意义

在一次火灾事故中,很多人都死了,只有一对孪生兄弟被消防员从火场里救了出来,被送往当地的一家医院。尽管他们在灾难中顽强地活了下来,然而却被无情的大火烧得面目全非。

后来,哥哥整日唉声叹气道:"我被烧成了这个样子,以后还怎么出去见人,还怎么养活自己呢?与其这样,当初还不如死在火场里,一了百了。"弟弟则经常劝哥哥说:"这次大火只有我们得救了,因此我们的生命显得尤为珍贵,如果我们垂头丧气的话,也对不起那些把我们从火场里救出来的人啊。"

兄弟俩出院后,哥哥整日生活在灾难的阴影中,面对别人的讥讽,始终抬不起头来。后来对生活完全失去了信心,再也没有了活下去的勇气了,于是偷偷地服了大量的安眠药,结束了自己年轻的生命。

而弟弟却延续了自己乐观向上的心态,他时常提醒自己:既然在那场灾难中,我活了下来,那就说明我生命的价值比谁都高贵。无论遇到多大的冷嘲热讽,他都咬紧牙关昂首挺过去,坚强地生存了下来。

有一天,弟弟在为别人送货的路上发现不远处的一座桥上站着一个人。他预感到情况不太妙,于是急忙停车向那个人跑去。可是没等他跑到跟前,年轻人已经跳下了河。这时,他勇敢地跳下河,将年轻人救了上来。原来这个年轻人十分富有,只因经受不了失恋的打击而产生了轻生的念头。

后来,年轻人决定帮助救命恩人干事业。这位弟弟也逐渐从一个积蓄微薄的送货司机，到最后发展成了一个有数百万美元资产的运输公司，从那以后，再也没有人会嘲笑他被大火烧伤的面庞了。

哲思 苦难并不可怕，可怕的是在苦难面前我们像那个哥哥一样举手求饶，打了退堂鼓。在苦难中，我们如果能像弟弟那样用乐观的心态来顶住外界的压力，那么我们终将取得成功，实现自己生命的价值。

推铁球的推销大师

坚持，成功就在前方

　　世界上最有名的推销大师就要退休了，他向全世界宣布，自己将举办一个庆功酒会，并且将在酒会上透露自己成为一个卓越的推销员的真正秘诀。酒会那天，很多社会名流都到场了，甚至还来了不少知名的记者。因为世界上没有人不想知道世界上最有名的推销大师到底有什么成功的秘诀。

　　在酒会上，所有人都很心急，纷纷询问推销大师的秘诀是什么，推销大师却始终满面春风地与到场的客人们寒暄，拒绝正面回答这个问题。终于，推销大师吩咐4个工作人员把一座大铁架抬出来，铁架上有一个无比巨大的铁球。这个铁球很重，大师先让人上台来推铁球，大家纷纷上前尝试，但是没有一个人可以推动这个很重的铁球。

　　后来，这个推销大师开始推铁球了，他每隔5秒就推一次铁球，但是铁球依然一动不动，20分钟过去了，铁球依然没有动。很多人看见推销大师一直做这么简单的事，觉得很无聊，便离场了。30分钟过去了，铁球还是没有动。这个时候更多的人熬不住了，他们觉得推销大师分明就是在耍自己，拿自己当傻子。于是，更多的人离场了，只有少数的人还在那里继续观看。然而令人惊奇的是：35分钟过去以后，大铁球开始动了！而且它越动越快，怎么也停不下来，就算有人用手按住它，想让它停下来也做不到了。

推销大师指着飞速摆动的大铁球语重心长地说:"这就是我成功的秘诀——坚持,不断地坚持,只要坚持到底,就会得到成功。"

哲思 世界上的难事就像那个大铁球一样,我们只推一下它是不会动的,只有连续不断地推它,不断地坚持,不断地积累,到了一定的程度之后,它才会动,我们也才能取得成功。那些不自信的人、觉得自己推不动铁球的人是不会成功的;那些只推了几分钟的人也是得不到成功的;就连那些推了30分钟、只差最后5分钟的人也是不会成功的。只有像那个推销大师一样,拥有无比坚强的意志,一直不停地推着铁球,才有可能得到最后的成功。正所谓:世上无难事,只怕有心人!

真正的男子汉

跌倒了再爬起来

一个小伙子今年已经18岁了,按说应该已经成了一个真正的男子汉,但是他的父亲却非常担心他,因为他身材瘦弱,说话轻声细语,举止文静,看上去就像是一个女孩子,一点儿没有男子汉气概。

为了让儿子变得更阳刚一点儿,父亲不断地带儿子参加各种激烈的体育运动,甚至去玩一些刺激的极限运动,但是儿子看上去没有丝毫改变。父亲苦恼不已。后来,他决定把儿子送去学习空手道。这样激烈的对打一定能够激发起儿子求胜的豪情,让儿子变成一个真正的男子汉。他找到教练,把自己的意图告诉给教练。

教练拍拍胸脯保证说:"放心吧,把孩子留在这里,只要三个月,你就一定能够看到他的变化,我保证让他成为一个真正的男子汉。但是,你要保证,在这段时间里,你不能来看他,哪怕你再想他也必须要忍着,更不能因为怕他吃苦而接他走。"

父亲回答说:"没问题,这孩子从小被我惯坏了,我就是想让他多吃些苦。"

三个月的时间转眼即过，毕竟父子情深，说不心疼是不可能的，在到日子的那一天，父亲一大早就来到了训练馆里。教练为了让父亲看出儿子的转变，特意安排儿子和另一个学员进行比赛，让父亲在台下观战。

儿子的对手是一个身材高大强壮的年轻人，那个强壮的年轻人非常厉害，只是随意的出了一拳，儿子立马就被打倒在地。虽然倒下去之后，儿子很快再次站了起来，但他马上又被打倒了，一次又一次，他站起来再倒下去，父亲实在看不过去了，于是就喊了停。

教练问那位父亲："你觉得你的儿子表现怎么样？"

父亲皱皱眉头，回答说："恕我直言，我认为您食言了，整整三个月了，我以为这种激烈的运动能够让他变成一个真正的男子汉。可是，看到他的表现，我简直羞愧死了。想不到他这么软弱，简直一触即溃。"

教练摇摇头说："你错了，你认为什么才是真正的男子汉？难道能把别人打倒就是真正的男子汉吗？不是！你只看到了表面的胜负。却没有看到他每次被打倒后就立即站起来的勇气和毅力吗？这才是真正的男子汉啊。"

哲思 教练说得多好，跌倒了再爬起来，这就是真正的男子汉。在现实中，我们不是这个世界上的最强者，但是我们可以输，可以败，但却不能服软，不能在倒下之后爬不起来。事实上，站起来的次数永远比跌倒的次数多一次，这就是成功。

两块石头

挺住，成功就在不远的前方

从前，在一座山上有两块石头，它们彼此离得很近，其中一块石头的质量好一点，另一块石头的质量差一点。

有一天，一位著名的雕刻大师要找一块石头雕刻一座佛像，于是到了这两块石头所在的那座山里。雕刻大师是识货的人，他理所当然地挑中了那块质量好一点的石头。质量好的石头在被雕刻大师带走的时候很开心，还蔑视地看着那块质量差一点的石头，觉得自己比另一块石头强多了，自己肯定会成为一件举世无双的艺术品。

回去之后，雕刻大师用斧子、锉刀认真地在那块质量好一点的石头身上雕刻着，但是那块石头不能忍受那种痛苦，每当雕刻大师在它的身上雕刻的时候，它就会哀号："痛死我了！大师饶命吧，把我放回去吧！我实在受不了了！"

虽然它的石质很好，但雕刻大师对它很失望，于是就把它放了回去，转而拿了那块质量差一点的石头回来雕刻。那块质量差一点的石头很有毅力，无论雕刻大师用斧子砍，还是用锉刀锉，它都忍受着痛苦，一声不吭。最后，它终于被雕刻大师雕刻成了一尊佛，放在一个寺庙里受人顶礼膜拜，每天都香火鼎盛。而那块质量好一点的石头则被搬到了那座寺庙门前，成了任香客们践踏的上马石。

对于两块石头截然不同的命运，那块质量好一点的石头当然不会满意，它对那块已经成了佛像的石头说："我不服，上天对我太不公平了！我的质量这么好，但是为什么你的结果却比我好，每天都在庙堂上朝拜，我却只能在庙门前任人践踏，为什么？为什么？我想不通！"

那块质量差一点的石头就对它说："你之所以不能成佛，就是因为你缺乏意志力，不能忍受痛苦。当时，明明是你更有机会成佛，是你因为怕痛而放弃了机会。既然你当初不能坚持到底，现在为什么要怪别人对你不公呢？世上的事都是这样的啊，只有你付出以后才会有回报啊！"

哲思 这个故事告诉我们一个深刻的道理：如果你没有意志力，不能坚持到底，不论你的天资有多么好都是不可能成功的。成功只青睐那些肯努力的人和能忍受住苦难的人。在生活中，那些能够成功的人往往不是最聪明的，但是他们无疑都是最有意志力的。因为他们可以坚持，几年如一日地不断坚持他们才能获得成功。而那些聪明的人，如果不努力，也只能一事无成。让我们学学那块成了佛像的石头吧，挺住！别被痛苦所击倒，成功就在不远的前方。

爱好写作的希尔丽

坚信自己一定能成功

希尔丽从小就喜欢文学，立志长大之后当一个作家。在她20岁那年，她花了整整三个月时间写了一篇小说。小说完稿之后，她去拜访了一位当地很著名的作家，希望能够得到他的指点。

希尔丽来到作家家里，作家很热情地接待了她。因为作家眼睛不太好，希尔丽就把自己的作品一字一句地念给作家听。很快，两个小时过去了，希尔丽读完了自己的作品，停了下来。

作家问："结束了吗？"

"听他的语气，似乎渴望能有下文！"想到这里，希尔丽立刻产生了灵感，回答说："没有啊，后面的部分更精彩。"于是她就根据自己的想象继续往下"念"。

过了一会儿，作家又问："结束了吗？"

希尔丽心想："作家肯定是渴望把整个故事听完。"于是她就继续往下"念"。如果不是突然响起的电话铃声打断了希尔丽的话，她会一直"念"下去的。

作家因为有事需要马上出门，临走前，他说："其实你的小说早该收笔，在我第一次询问你是否结束的时候，就应该结束。何必又往下写那么长呢？我觉得你不适合当作家，因为你缺少当作家最基本的素质——决断。如果你认为该结束，那就必须要快刀斩乱麻，拖泥带水的作品只会让读者感到厌烦。"

听了作家的话，希尔丽后悔莫及，心想："看来自己真的不适合从事写作，还是放弃，为自己重新找一个方向吧！"

后来，希尔丽转行从事了美术方面的工作，但是她从心里还是喜欢写作，那是她儿时的梦想，可惜自己偏偏不具备写作的基本素质。人生真的是有很多不如意。一个很偶然的机会，希尔丽结识了一位更著名的作家，当希尔丽和他谈及当年给作家念小说的事情时,这位作家不禁惊呼:"你能在那么短的时间里编造出那么精彩的故事,真是不容易呀!这种能力太难得了!要知道,世界上有这种能力的作家简直凤毛麟角,而你却放弃了写作,实在是太可惜了!"

哲思 如果希尔丽能够坚持她的写作之路,那么或许她的成就早就超过那个当初说她不适合写作的作家了。事实上,要是我们能成功地摆脱对自身能力的怀疑,不管遇到什么困难,都会坚信自己一定能成功,因此,最终我们也一定能成功。要知道,你来到世间就是为了在人生中取得成功,对这一点不要有丝毫怀疑。每做一件事情的时候,不要前怕狼后怕虎的,要坚定地告诉自己:"我相信,我办得到!"

东山再起的马修斯

我们并没有失去自己的全部

马修斯先生原本是美国一家中型服装公司的老板,但是,在 1929 年的美国经济大萧条当中,马修斯先生破产了。股市崩盘那天,他忧心忡忡地回到家,什么也不说,什么也不做,就是皱着眉头发呆。

马修斯太太看到自己丈夫的精神状态如此之差,便担心地问道:"亲爱的,你这是怎么了?"

"我完了,我的公司被法院宣告破产了,就连我们现在住的房子明天也要被查封了,我们什么都没有了,我失去了一切,我这些年的心血全完了,全完了……"说着说着,马修斯先生已经泪如雨下,他完全被打倒了,全身无力,失去了信心和斗志。

马修斯先生美丽的妻子却轻轻地捧起他的脸,问道:"你的身体也失去了吗?"

"没有!"他不解地看着他的妻子说道,并且暂时停住了流泪。

"你失去我了吗?"妻子一如既往温柔地说道。

"没有!"他坚定地说。

"那你失去孩子们了吗?"妻子再次问道。

"没有!"他回答得很干脆,但是眼睛里充满了疑惑。

"那么,你并没有失去全部,至少你还有我们和你自己。任何人都不能把我们分开。更何况公司虽然倒闭了,但是你的能力还在啊!我相信你的本事,你一定可以东山再起的!"妻子微笑着对他说道。

妻子的这番话让马修斯先生两眼放光,他终于明白了妻子的意思:他还有上天赐予的健康的身体和灵活的头脑,他还有一个支持他的妻子以及可爱的孩子们,他并没有失去全部!以前的一切都是他白手起家奋斗而来的,既然他以前可以得到成功,那么为什么不能再次获得成功呢? 一切只不过是从头再来而已。

几年以后,马修斯先生的新公司再次成为服装行业里一支不可忽视的力量,他真的东山再起了。他成为人人羡慕的"成功人士"。然而这一切都源于他妻子当年的几句话。他总喜欢把一句话挂在嘴边,去劝慰那些遭受挫折的人,那句话就是——你并没有失去自己的全部!

哲思 生活中的某些时候,我们会像马修斯那样以为自己已经走到了绝境,但是真的如此吗?恐怕不是。财富、虚荣只是生活中的过眼云烟,不必把那些东西看得太过重要,无论何时,应该像马修斯先生那样想到——自己并没有失去全部。要记住中国那句老话:"山重水复疑无路,柳暗花明又一村。"成功,往往就在绝望之后的那个路口等着你。

第 5 课

人生没有轮回，唯有珍惜

人生苦短，匆匆数十年就好似白驹过隙。在我们的一生中，有太多有意义的东西值得我们去珍惜。可是，我们常常舍弃了自己那些珍贵的东西，对于那些无关紧要的东西却抱紧不放，非要等到白发苍苍的时候蓦然回首，才发现原来自己一辈子做的都是舍本逐末的事情。人生没有轮回，不可能重头再来；世间没有后悔药，唯有珍惜。

天使亚纳尔

只有失去了,才会懂得珍惜

亚纳尔是一个善良的天使,他最大的乐趣就是给别人带来欢乐。一次,他遇到一个烦恼的农夫,他向天使诉苦说:"我家的水牛刚死了,没它帮忙犁田,那我怎能下田种地呢?"于是亚纳尔赐给他一头健壮的水牛,农夫很高兴,天使也在他身上感受到了快乐。

还有一次,亚纳尔遇见了一个男子,这位沮丧的男子向他诉说:"我的钱被骗光了,无法回家。"于是亚纳尔给了他几个金币做路费,男子很高兴,天使同样在他身上也感受到了快乐。

这一次,亚纳尔遇见了一个诗人,诗人年轻、英俊、有才华且富有,妻子貌美而温柔,但不知道为什么,本应该幸福快乐的他脸上却满是愁容。

亚纳尔问他:"你不快乐吗?我能帮你吗?"

诗人对亚纳尔说:"我什么都有,只欠一样东西,你能够给我吗?"

天使回答说:"可以。你要什么我都可以给你。"

诗人直直地望着天使:"我要的是快乐。"

这下把天使难倒了,天使想了想,说:"我明白了。"然后他让这个诗人失去了他的一切。他拿走了诗人的才华,毁去他的容貌,夺去诗人的财产和他妻子的性命。天使做完这些事后,便在诗人的咒骂当中一声不吭地走了。

一个月后,当亚纳尔再回来看这个诗人的时候,他发现诗人已经饿得半死,衣衫褴褛地躺在地上挣扎。于是,亚纳尔把他的一切又还给他,然后,就离去了。半个月后,天使再去看诗人。这次,诗人搂着妻子,不停地向天使道谢,因为直到失去了自己的一切之后,他才发现,原来自己是那样的身在福中不知福。

哲思 我们往往会像那个诗人一样,直到失去了自己原本拥有的,才会懂得珍惜。其实，幸福就在我们身边，只要我们懂得珍惜身边的一切，从一些平凡的小事中去寻找感动，快乐就会围绕在我们身边。

瞎爷的故事

珍惜拥有的一切，幸福就是这么简单

有一个孩子小时候生了一场极重的病，后来病虽然好了，但从此之后，他的一只眼睛却再也看不见了。由于算是半个瞎子，于是街坊邻居们在他长大后就管他叫"瞎爷"。

瞎爷瞎了一只眼之后，他的爹娘因为心疼自己的儿子而每天以泪洗面。而瞎爷却不这么看，他对自己的爹娘说："还好，只坏了一只眼睛，比起那些双目失明的人，咱可是幸运多了。"爹娘想想也是，于是再也不哭了。

后来，瞎爷长到娶亲的年纪，因为身有残疾，没有正常的姑娘愿意嫁给他，结果就只娶到了一个先天豁嘴唇的姑娘。姑娘娶进门后，二老一见她的双唇豁得那样难看，心里难受，于是连连叹息和摇头。没想到瞎爷反来劝爹娘说："还好，能娶到这样一个媳妇，和那些什么也没有的光棍汉相比，咱还不是好到了天上？好歹咱还会有个后代。"爹娘一听儿子这话，觉得也真有道理，高高兴兴地做起公公婆婆来。

豁唇姑娘给瞎爷一口气生了五个女儿，就是生不出一个儿子，瞎爷也不在意，他对媳妇说："还好，咱们还有女儿，世上有好多结了婚的女人，压根就不会生孩子，甭说五个女儿，她们连一个女儿也生不出来！"于是豁嘴女人把嘴一咧，再也不觉得内疚了。

瞎爷家里缺吃少喝，他又对家人说："还好，咱们还有稀饭喝，和讨饭的人们比比，咱这日子还算在天堂里……"

再后来瞎爷老了，也开始盘算着他的棺材，可是家里实在穷，就只得用最次等的槐木做了一个最薄最不气派的那种棺材，面对老伴愧疚的眼神，瞎爷满

意地说："比起那些穷得根本买不起棺材、死了以后尸体用草席卷的人，不是要好得很吗？"

瞎爷是在72岁的那年冬天去世的。临终前，听到老伴在床头哀哭，他还用极微弱的声音劝道："哭啥？我已经活了72岁了，比起那些活80、90岁的人，我不算高寿，可比起那些活40、50岁就死的人，我这还算活得长的哩！"

就这样，瞎爷过完了他的一生，虽然在旁人看来瞎爷一生过得穷困潦倒，但对于瞎爷自己来说，这确实平凡而幸福的一生，直到他死，两个嘴角还带着淡淡的笑容……

哲思 想想瞎爷，再想想我们自己，我们就会发现，原来幸福得来的竟是如此的容易。那么，从现在起，让我们珍惜自己所拥有的一切，淡然地对待那些我们得不到的，幸福感就会悄然来到我们身边。

富翁的好酒

重视不等于珍惜

从前有个富翁，他对自己窖藏的葡萄酒非常自豪，事实上，在他窖藏的好酒当中，只有一坛才是他最最重视的，别的好酒都可以拿出来招待客人，只有这坛酒不行，他要把这坛酒留到最重要的时候再拿出来喝。

州府的总督登门拜访，富翁提醒自己："这坛酒不能仅仅为一个总督启封。"

地区主教来看他，他自忖道："不，不能开启那坛酒。他不懂这种酒的价值，酒香也飘不进他的鼻孔。"

王子来访，和他同进晚餐，但他想："区区一个王子不值得用这坛酒来招待。"

甚至在他亲儿子结婚那天，他还对自己说："不行，这样的场合还是不值得打开这坛酒。"

许多年后，富翁死了，像每粒橡树的籽实一样被埋进了地里。

下葬那天，那坛富翁最重视的葡萄酒被帮他料理后事的左邻右舍给喝掉了，就像那些最普通的烈酒一样。

哲思 富翁的重视让那坛最好的葡萄酒被当成普通烈酒给喝掉了，这说明重视绝不等于珍惜。因此，我们要学会享受生活中的一切，要学会珍惜我们所拥有的，否则，我们最重视的幸福很有可能就会像那坛葡萄酒一样被我们轻易地浪费掉了。

困惑的国王

最重要是把握现在

有位国王想励精图治，但他的心中装着三个问题，他认为只要能够回答好这三个问题，自己就可以治理好这个国家。这三个问题是：

第一，如何预知最重要的时间？

第二，如何确知最重要的人物？

第三，如何辨明最紧要的东西？

国王要求群臣来回答这三个问题，于是群臣献策说，把时间支配得正确，最好是列表；国家最重要的任务是培养教师或科学家；而当务之急是弘扬科学与严明法律。

然而，国王对这些答案却并不满意，他听说城外有一个隐士，聪明绝顶，于是他决定向那个隐士请教。

当国王找到隐士的时候，隐士正在耕地，他向隐士提出了这三个问题，但隐士并没有回答他。这个隐士挖土累了，国王就帮他的忙，天快黑时，远处忽然跑来一个受伤的人，于是国王与隐士把这个受伤的人先救下来，包扎好伤口，抬到隐士家里。由于天色已晚，国王也就住在了隐士家里，与隐士一同照料这个伤者。

翌日醒来，这位伤者看了看国王说："我是你的敌人，我昨天知道你来访问隐士,就准备埋伏在半路杀了你,但是很不幸,我被你的卫士发现了,他们追捕我,我受了伤逃过来,却正遇到你。感谢你的救助,现在,我不再是你的敌人了,我要做你的朋友。"

多了一个朋友,让国王感到很欣慰,但他的问题还没有解决,于是他再去向隐士请教。隐士说:"我已经回答你了。"国王说:"你回答了我什么?"隐士说:"你如不怜悯我的劳累,因帮我挖地而耽搁了时间,你昨天回程时,就被他杀死了。你如不怜恤他的创伤并且为他包扎,他不会这样容易地臣服你。所以你所问的最重要的时间是'现在',只有现在才可以把握;你所说的最重要人物是你'左右的人',因为你立刻可以影响他;而世界上最重要的是'爱',没有'爱',活着还有什么意思?"

哲思 生命的价值不依赖于我们想要得到的处境,也不取决于我们想要结交的人物,而是取决于我们自身,取决我们对自身的珍惜,对现在时间的把握。因为,我们只有把握好现在,才是珍惜生命的最重要的体现。

任性的小马驹

幸福就在身边,我们却不懂珍惜

一匹老马失去了老伴,身边只有唯一的儿子和自己在一起生活。老马十分疼爱儿子,把它带到一片草地上去抚养,那里有流水,有花卉,还有诱人的绿荫。总之,那里具有幸福生活所需的一切。

但小马驹根本不把这种幸福的生活放在眼里,每天滥啃三叶草,在鲜花遍地的原野上浪费时光,毫无目的地东奔西跑,没有必要地沐浴洗澡,没感到疲劳就睡大觉。

这匹又懒又胖的小马驹对这样的生活逐渐厌烦了,对这片美丽的草地也产生了反感。它找到父亲,对它说:"近来我的身体不舒服。这片草地不卫生,伤害了我;这些三叶草没有香味;这里的水中带泥沙;我们在这里呼吸的空气刺激了我的肺。一句话，除非我们离开这儿，不然我就要死了。"

"我亲爱的儿子，既然这攸关你的生命，那我们马上就离开这儿。"它的父亲答道。说完它们就立刻出发去寻找新家了。

小马驹听说出去寻找新家，高兴得嘶叫起来，而老马却不那么快乐，只是安详地走着，在前面领路。它让它的孩子爬上陡峭而荒芜的高山，山上没有牧草，就连可以充饥的东西也没有一点儿。

天快黑了，仍然没有牧草出现，父子俩只好空着肚子躺下睡觉。第二天，它们只在饿得筋疲力尽时吃到了一些长不高而且带刺的灌木，但老马的心里已十分满意，因为现在小马驹终于不到处乱跑了。又过了两天，小马驹已经饿得迈了前腿就拖不动后腿了。

老马心想，现在给它的教训已经足够了，就趁黑夜把儿子偷偷带回到原来的草地。小马驹一发现嫩草，就急忙跑去吃。

"啊！这是多么绝妙的美味啊！多么好的绿草呀！"小马驹高兴地跳了起来，"哪儿来的这么甜、这么嫩的东西？父亲，我们不要再往前去找了，也别回老家去了——让我们永远留在这个可爱的地方吧，我们就在这里安家吧，哪个地方能跟这里相比呀！"

小马驹这样说，而它的父亲也答应了它的请求。天亮了，小马驹突然认出了这个地方原来就是几天前它离开的那片草地。它垂下了眼睛，非常羞愧。

老马温和地对小马驹说："我亲爱的孩子，你千万要记住幸福就在我们身边，要懂得珍惜啊。"

哲思 熟悉的地方没风景，普通人的眼里没伟人。太多的美好与幸福，往往令沉浸在其中的人们觉察不到。很久以来，人们的内心充满了渴求与贪婪，对财富与成功的渴求，对爱情的渴求，却从来没有仔细地审视自己所拥有的一切。正是这贪婪的心把那些感受美好灵魂的触觉给屏蔽了，让人们忘记了上苍所给予自己的种种恩赐，让人们总是向着遥不可及的未来充满期待而忽略了对今天的感恩。让我们静下心来，好好体会一下那些如空气般环绕在你周围的幸福吧，因为幸福就在我们身边！

一颗糖的幸福

珍惜自己的一切，幸福真的很简单

大街上有一个穿着旧衣服的小男孩，看来有点脏脏的，他的手中拿着一个装糖的铁罐，将铁罐放在耳边，不停摇啊摇，铁罐发出铿锵的声音，里面大概就一颗糖了吧！

邻居家的大哥哥问他："童童，你只剩一颗糖喔！哥哥买一罐新的给你好不好？为什么这一颗你不吃，要一直摇啊摇的？"

童童的回答是："爸爸说赚钱要吃饭的，没钱买糖吃，我不要吃这一颗，这样做我就可以一直有糖吃，一直摇一直摇才知道糖在不在呀！"

哲思 什么是幸福？每个人都有每个人的幸福。对有的人来说，有一个住的地方是幸福；对有的人来说，有一顿晚餐吃是幸福；对有的人来说，有一辆低档车可以到处跑是幸福；对有的人来说，叱咤风云富甲天下才算是幸福；而对童童来说，那一颗糖就是幸福……的确，只要我们好好珍惜，不要让自己的东西越来越少，其实，一颗糖也算是幸福啊！

特德的致富之路

珍惜身边的一点一滴

特德出生在一个穷困潦倒的家庭，父母在他很小的时候就死了，他到处流浪，努力寻求如何才能变成富翁的方法。为此，他当过泥瓦匠，卖过服装，当过跑堂的伙计，还用多年积攒的钱贩卖过食盐。然而，几年过去了，他不仅没有变成富翁，反而将积攒的一点钱花得一干二净。

因为屡屡失败，特德变得心灰意冷，他感叹人生无常、命运不公，觉得辛辛苦苦地干活也是无济于事，到头来又重新变成了一个沦落街头、衣衫褴褛的流浪汉。

在一个风雨交加的夜里，一连三天水米未进的特德跌跌撞撞地拐进了一座破教堂，他想在里面避避雨，忽然，一道闪电划过，照亮了教堂里的神像。心力交瘁的特德跪在地上，虔诚地向神诉求："神啊，你大慈大悲，为什么不能指点我一条成为富翁的路呢？"说完，他就晕倒在了教堂里。

冥冥之中，特德仿佛听见神的声音，神说："年轻人，世间的万物皆互为因果，因便是果，果即为因，从此以后，凡是你碰到的东西哪怕何等微小，你也要珍惜爱护。没有绝对无用的东西，为你遇上的人着想，你会有好报的。"

特德猛然间惊醒了过来，他以为自己做了一个梦，但神给他的指引却牢牢地印在了他的脑海里。于是特德决定按照神的指示去做，重新振作起来。

次日清晨，他来到一条小河边洗脸，见水面上浮着一片枯叶，上面一只小蚂蚁正在挣扎。他小心翼翼地捡起那片枯叶，将小蚂蚁放到地上。小蚂蚁迅速招来了自己的一大群同伴，它们排成黑压压的一队，指示特德往西南走去，果然翻过一个小坡，下面是一片茂密的野果林。特德饱饱地吃了一顿，又摘了几个揣进怀里。他继续赶路，不久碰到一个躺在路边的商人，原来商人迷了路，已经几天没吃东西了。特德去旁边的树林里给商人摘了几个果子，又用自己的破帽子给他喝了些水，把商人给救活了。

商人对特德十分感激，就送了特德一瓶灯油。天黑了，特德来到一间黑屋子前。屋里没有灯，只有孩子的哭声，原来这家人的孩子病了，天黑路远请不到医生，特德把灯油倒进油灯中，提着油灯请来了医生治好了孩子的病。孩子的父亲十分感激年轻人，送了他一锭金子作为报答。特德用这锭金子买了一个果园，开始做起了水果生意。

由于他为人厚道，帮助他的人很多。几年以后，特德有了自己的花园，成为了远近闻名的富翁。

哲思 只要懂得珍惜，我们终究可以像特德那样取得成功。因为真正通向致富之路的不是金银珠宝的堆积，也不是名利上的追求，而是珍惜每一件看似无用的东西，珍惜我们遇到的每一件东西，每一个人，因为冥冥之中，它们都是因果关系链条上的一环。人的福分是有限的,一枝草,一滴水,看似轻微,也能救人于危难之中。

地主的遗言

再多的钱也买不回浪费掉的生命

有个地主一直都很勤奋而且节俭,他积蓄了 30 万块银元。

终于有一天,他决定要享受一年富裕快乐的生活,然后再决定下半生怎么过。可是,就在他开始停止奔波赚钱的时候,阎王爷来到他的面前,要取回他的生命。

地主使尽了一切唇舌本领,要求阎王爷改变主意。最后他说:"那就多赐给我三天吧,我会把我所有财富的三分之一送给你。"

阎王爷无动于衷,仍然继续坚持收回他的生命。地主又说:"如果你让我在这世上多活两天,我立即给你 20 万块银元。"

阎王爷还是没有理会,后来他甚至愿意用自己积蓄的 30 万块银元交换一天的生命,仍没有得到阎王爷的同意。

地主没有办法,只好说:"那么请你开恩,给我一点点时间,写下一句话留给后人吧。"

这次阎王爷应允了他的请求。地主留给了自己的儿子一句话:"人啊,记住,生命是最宝贵的,所有的财富买不到一小时的生命。"

哲思 人们一辈子最为关注的莫过于财富和生命这两件事。财富是有价有形的,生命则是无价无形的。在有生之年,不要拿无价的生命去和微不足道的财富做交换,要知道再多的财富,也换不回生命走过的脚步。

见异思迁的楚王

珍惜每一刻

在春秋时代,楚国有个叫养由基的人,他是天下闻名的神箭手,能在百步之外射中杨树枝上的叶子,并且百发百中,人们管他的这手本事叫做"百步穿杨"。正巧,当时的楚王也非常爱好射箭,他很羡慕养由基的射箭本领,于是就请养由基来教他射箭。

楚王兴致勃勃地跟着老师养由基练习了半年,渐渐觉得自己的水平已经很不错了,于是就邀请自己的老师养由基跟他一起到野外去打猎。

楚王骑在马上,仆人把躲在芦苇丛里的野鸭子赶了出来。正在楚王弯弓搭箭要射这只野鸭子时,忽然从他的左边跳出一只山羊。楚王心想,一箭射死山羊,可比射中一只野鸭子划算多了!于是楚王又把自己的弓箭对准了山羊,准备射它。可是正在此时,右边突然又跳出一只梅花鹿。楚王又想,若是射中罕见的梅花鹿,价值比山羊又不知高出了多少,于是楚王又把箭头对准了梅花鹿。忽然,大家一阵子惊呼,原来从树梢飞出了一只珍贵的苍鹰,振翅往空中窜去。楚王又觉得还是射苍鹰好。

可是,当楚王正要瞄准苍鹰时,苍鹰早就飞出了楚王的射程之外了。楚王只好回头来射梅花鹿,可是梅花鹿也逃走了。再回头去找山羊,山羊也早溜了,就连那只野鸭子,也不知道躲到哪里去了。结果楚王拿着弓箭比画了半天,什么也没有射着。

哲思 一个成功的人,必定先确定适宜的目标,接着就心无旁骛、不断地向那个目标努力,直到圆满实现它。与其见异思迁,不如盯住最先发现的那只野鸭子,把它射住。珍惜自己的每一刻,绝不要见异思迁,这就是这个故事教给我们的哲理。

细心的山羊

杜绝一切浪费

百兽之王狮子想要招聘一位仓库保管员,狐狸、山羊、野猪都自告奋勇表示愿意接受这份工作。狮子见三人能力、学历都不相上下,一时难以决定,便留下它们与自己共进午餐。

席间,狐狸见有自己喜欢吃的鸡腿,便毫不犹豫地拿起一只,刚啃了几口,便丢到桌下,又随手拿起另一只;野猪呢,看见桌上有他爱吃的玉米,也毫不客气地拿起一根,狂啃起来,全然不顾许多玉米粒从两颗獠牙间落下来,滚到地上;只有山羊吃得很斯文,很干净,连粘在碗边的一粒米饭,都被它送到了嘴里。

这一切都被精明的狮子看在眼里。饭后,狮子宣布,仓库管理员的位置属于山羊,而狐狸与野猪都落选了。

哲思 显而易见,狐狸和野猪之所以落选,就是因为它们不珍惜食物,太浪费。而山羊懂得珍惜,懂得节省,被狮王看重也就是理所当然的事情了。然而,现实生活中,很多人都忽略了"杜绝浪费"这一生活原则,因为他们觉得一点点浪费不会影响整个生活质量。其实,有这种想法是错误的。一个随时杜绝浪费的人,也会因他良好的品质而受到人们的欢迎。

愚蠢的陶邱

别为了明天忧虑而放弃今天的幸福

有一位家住平原郡的人名叫陶邱,他娶了渤海郡墨台氏的女儿做妻子。这位女子不但容貌十分美丽，而且很有才华，为人温柔贤惠，亲戚邻居没有不羡慕的。陶邱也十分爱他的妻子，小两口和和美美，日子过得幸福极了。一年后，陶邱的妻子为他生了个儿子，家中更是充满了乐趣。

一天，妻子对陶邱说："相公，我已经一年多没回娘家看看了，我很是想念母亲和娘家的人，我们可不可以择个日子，回一趟娘家，顺便也把孩子带给他们瞧瞧？"陶邱哈哈大笑，说："贤妻，我也正想跟你提这件事呢。"于是，一家三口选了个日子，雇了车马一路上风尘仆仆到了渤海郡。

回到了渤海郡娘家，娘家人见了女儿、女婿和小外孙，都非常高兴，杀鸡宰羊招待。陶邱的岳母丁氏已是70多岁的老妇人，自然行动迟缓，步履蹒跚，满脸皱纹交错，再加上这两天身体不舒服，与女婿匆匆见了一面就回房休息去了。

几天之后，陶邱带着妻子和儿子回家了，一回到家里，他就想要把妻子休掉。妻子感到十分诧异，便问丈夫："不知我犯了什么过错惹恼了相公，你非要休掉我？"

陶邱回答说："前几天到你家去，见了你母亲真叫我伤心，她年龄老了，满脸老气横秋，德行礼节都不讲了，和过去相比真是差距太大。我担心你老了以后也会变成这副模样，倒不如现在就把你休掉。"

哲思 一位哲人说过：明天自有明天的忧虑，不要提前支取明天的忧虑，最重要的是享受现在的生活。像陶邱那样因为担心遥远的将来而休了自己深爱的妻子，那岂不是太愚蠢了吗？

海星们的救世主

做自己认为有意义的事就是珍惜生命

一个人到墨西哥旅游，一天黄昏时他在一个海滩漫步，忽然看见远处有一个人正在向海里扔东西。走近些时，他发现原来这是一个本地人，他正在捡起被潮水冲到海滩上的海星,然后再用力地把它扔回大海里去。

这个人很奇怪,于是问道:"晚上好,朋友!我可以冒昧地问一句,您在做什么吗?"

那个当地人说:"我在把这些海星送回海里。你看,现在正是潮退,海滩上这些海星全是给潮水冲到岸上来的,很快这些海星便会因缺氧而死了!"

"可是,被海水冲上来的海星成千上万的,您有能力把它们全部送回大海吗?就算您是海星们的救世主,您又能救多少只海星呢?"

那位当地人微笑着继续拾起另一只海星,一边将它抛向海里一边说:"但起码我改变了这只海星的命运呀!这就是我认为有意义的事。"

哲思 生命不过是一个过程,就像花草一样,经过一岁的枯荣,然后老去死去。最重要的是,我们在拥有生命的时候怎样珍惜并提高它的质量,使它像花一样灿烂美丽,哪怕最后凋零枯萎。去做自己认为有意义的事情吧,因为这就是珍惜生命。

纸上婚变

往往最平凡的东西才最值得珍惜

吕西安·里歇是法国著名的小说家,他的小说属于浪漫主义,里面有很多浪漫的爱情故事。虽然吕西安·里歇的书写的浪漫,但他的家庭生活却还是跟那些最普通的人们一样,吕西安·里歇每天到图书馆去写作,他太太每天操持家务,并负责将丈夫的手稿打印出来,寄给《里昂晚报》发表。

吕西安·里歇每天回家的第一件事几乎是一成不变的:用同一种动作拥抱一下妻子,亲亲她的前额,然后说出他每天都会说的那句话:"亲爱的,我希望我不在家时,你没有过于烦闷,是吗?"而吕西安·里歇的太太每天对他的回答也是一成不变:"没有,家里也还有这么多事情要做。但看到你回来,我还是很高兴的。"最可怕的是,结婚23年来,他们几乎每天都是这样度过的!

终于有一天,一个叫奥尔嘉·巴列丝卡的女人以第三者的身份闯进了他们的家庭,打破了吕西安·里歇原本一成不变的生活。奥尔嘉·巴列丝卡是一个刚离了婚的漂亮、奔放的女人。她的魅力让吕西安·里歇深陷其中不能自拔,他再次体验到了阔别多年的恋爱的感觉。没过多久,奥尔嘉·巴列丝卡提出要跟里歇结婚,里歇没法拒绝她的请求,只能答应了。

　　小说家毕竟是小说家,他想出了一个绝妙的主意来向自己的妻子提出离婚。他编了一个故事,把自己与太太的现实处境转化成两个虚构人物的经历。为了能被妻子领悟,他还特意加入了他们的夫妻生活中特有的一些细节。而在故事的结尾,他让那对夫妻离了婚,并特意写道:那个妻子对丈夫已经没有了爱情,一滴眼泪也没有流地走了,以后隐居在南方的森林小屋,靠丈夫补偿给她的足够的法郎,悠闲自得地消磨着自由的时光……

　　当吕西安·里歇把这份手稿交给太太打印时,他的心里难免有些不安,毕竟是他背叛了自己的婚姻。在第二天晚上回家的路上,里歇早已经做好了跟自己的太太吵架的心理准备。"亲爱的,我希望我不在家时你没有过于烦闷,是吗?"吕西安·里歇的话里带着几分犹豫。

　　太太却像平常一样安详:"没有,家里有这么多事情要做。但看到你回来,我还是很高兴的。"

　　吕西安·里歇猜测,难道她没有看懂?或者她把打印的事情安排到了明天?然而,太太告诉他,故事已经打印好了,并经仔细校对后已经寄给了《里昂晚报》编辑部,编辑部的人说,明天就可以发表。可是她为什么一字不提文中的情节呢?因为心虚,吕西安·里歇没有多问,但心里却备受煎熬。

　　直到第二天,吕西安·里歇在《里昂晚报》上看到了自己发表的作品时,才知道为什么自己的太太昨天竟然如此淡定。原来,太太把故事的结局改了:既然丈夫提出了这个要求,妻子只得强忍心中的悲伤,夫妻俩离了婚。可是,那位在结婚23年之后依然保持着自己纯真爱情的妻子,却在前往南方森林小屋的途中抑郁而死。

　　吕西安·里歇震惊了,忏悔了,当下就和那个令他神魂颠倒的女人一刀两断。太阳又升起来了,他们的生活还在继续。如同太太没有向他说起自己修改故事的结局一样,吕西安·里歇也没有向太太谈到自己的这段情事,他们还是像以前那样心有灵犀,心照不宣地生活在一起。

哲思 像吕西安·里歇这样一成不变的生活,是无数婚姻的杀手。而事实上,人们却总是等到失去了,才终于懂得了这个道理:那些似乎太平静、太单调、太不浪漫的家庭生活,往往正是最安宁、最朴实、最值得珍惜的生活。相对于世上绝大多数人来说,吕西安·里歇已经足够幸运了,不是吗?

老虎之死

理想往往并不是最适合自己的,要珍惜当下

从前,有两只长得很像的老虎,一只被关在动物园的笼子里,一只老虎则住在山里。被关在笼子里的老虎虽然每天都衣食无忧,但是却没有自由,只能傻傻地待在动物园的笼子里。住在山里的老虎虽然可以自由地奔跑,但是常常抓不到猎物,只能过着饥一顿饱一顿的生活,而且每天都只能睡在草地上,到了冬天的时候会非常的冷。

这两只老虎都非常羡慕对方的生活。生活在山里的那只老虎,认为笼子里的老虎十分安逸,每天的三餐都有专门的人员来喂,而且喂的都是好肉,每一天每一刻都不会感觉到饿;而且动物园里有暖气,老虎也不用以天为被以地为席,每一天都会睡得非常舒服。它也想要这样衣食无忧的生活,每天也不用到处去觅食,它觉得这简直就是神仙过的日子。

反之,那只关在笼子里的老虎却十分羡慕在野地里的那只老虎。它觉得那只老虎非常自由,可以到处乱跑,也可以到处玩耍,想吃东西了就自己抓,不用像自己一样每天都吃一样的肉,除了牛肉就是猪肉,太单调了;而且它想干什么就干什么,每天出去还可以舒活一下筋骨,那种自由自在的生活简直太美好了。

这两只老虎的愿望被一个善良的老神仙知道了,老神仙可怜它们,就大发慈悲地把它们两个的位置换了一下,让它们过上了各自向往的生活。因为它们长得很像,所以没有人认出来它们已经不是原来的那只老虎了。

一个月以后,老神仙想看看这两只老虎是不是过得好,本来以为自己实现了它们的愿望,它们应该过得很开心才是,但是神仙却惊讶地发现那两只老虎居然都死了!

原来,笼子里的那只老虎是被饿死的。因为它从小就生活在笼子里面,相当安逸,没有一点点野外的生存经验,自己捕食根本不像它想象中的那样简单,结果它根本不能捕捉到任何的食物,被活活地饿死了。而那只生活在山里的老虎则是被闷死的。它虽然得到了温饱,但是却失去了自由,不仅不能像以前那样在野外狂奔,想干什么就干什么,而且还要每天让许多人看,非常的烦,于是便郁郁而终了。

哲思 人心都是贪婪的,总是不满足于现状,无论现在过得多么幸福,总是会对现实的生活有诸多的不满。因此,很多人也像这两只老虎一样,自己拥有的时候不懂得珍惜,一心想过另外的生活,直到真正换了一种生活以后,才发现自己还是更喜欢原来的生活。然而,我们理想中的生活也许根本就不适合自己。

端在手里的生命

对待生命唯有两个字"珍惜"

有一个国王,他是一个非常仁慈的人,他总是不忍心处死自己的国民,但法律是不可亵渎的,自己的仁慈和法律之间的冲突让国王苦恼不已。终于,他想出了一个好办法,他制定了一条新的法律:如果哪个死囚能端着满满的一碗水跨过大山,穿过沙漠,最后再回到皇宫而且滴水不洒,国王就赦免他。

法律第一天实施,正好就有一个死囚要被处死,当这个死囚被问到愿不愿意做这条法律的第一个受益者时,死囚几乎想都没想便答应了。

离开皇宫的路,由八百个台阶组成,死囚在一片议论声与起哄声中启程了。任何人都不相信这个死囚可以做到这件不可能做到的事情,就连死囚的家属也认为他已经死定了。上山的路,崎岖不平,好几次死囚差一点葬身于悬崖。头发被风吹散了,衣服被山石刮破了,但一路上,他始终保持着一种姿势——双手紧紧扣着水碗。离开了险象环生的大山,死囚向沙漠的方向走去。沙漠里的太阳分外毒辣,裸露在外面的表皮退了一层又一层。滚烫的沙子几乎吸干了他身上所有的水分,干裂的嘴唇开始不断地往外淌血,但他的双眼从未离开过那只沉重的碗。

皇宫的大门敞开着,死囚终于回到了起点,他的手里还是离开时那满满的一碗水。人群沸腾了,国王也非常高兴,问他:"你怎么能做到滴水不洒呢?"死囚回答说:"我端在手里的哪里是水,分明是我的生命啊!"

哲思 一碗水,如果在平常人的眼里,算不得什么。但对于一个生死攸关的死犯来说,它的分量实在是太沉重了。生命这东西,是最坚强而又最脆弱的。有时它如钢铁、如磐石,可百折不弯,能九死一生;有时,它又脆弱得像一朵花、一片叶,经不住一股寒流、一场风雨的袭击。对于如此脆弱的生命,我们应当如何对待?唯有两个字,"珍惜"。

一袋宝石

时间就是那不断被我们丢弃的宝石

一大早,太阳还没有出来,一个渔夫到了河边,他感觉到有什么东西在他的脚下,后来发现是一小袋的石头。他捡起袋子,将渔网放在一放,坐在岸边等待日出,以便开始一天的工作。他懒洋洋地从袋子里拿出一块石头丢进水里。由于没有其他事可做,他继续把石头一块块丢进水里。

慢慢地,太阳升起,大地重现光明,这时除了还有一块石头在他手里之外,其他的石头都被他丢光了。当他借着白天的光看到了他手中所拿的东西时,他的心跳几乎都要停止了,那是一颗宝石!

在黑暗中，渔夫竟把整袋的宝石都丢光了！在不知不觉当中，他的损失有多少呀！他充满懊悔，咒骂着自己，哭得几乎失去理智。

哲思 故事中的宝石其实就是我们的时间。时间又过得很快，太阳尚未升起我们就已经浪费掉生命中所有的"宝石"。生命是一个大的宝库，很多人没有好好利用它，只是白白地将它浪费掉，等到知道了生命的重要性时，时光已所剩无几，哭也没有用了。

银鸟？金鸟？

身边的事，再平凡也要珍惜

有一个樵夫，每天上山砍柴，日复一日，过着平凡的日子。有一天，樵夫在砍柴的时候忽然发现，地上躺着一只受伤的银鸟，银鸟全身包裹着闪闪发光的银色羽毛，只是腿断了。樵夫长这么大从来也没见过这么漂亮的鸟，于是就把银鸟揣在怀里带回了家，专心地替银鸟疗伤。银鸟也懂得知恩图报，樵夫给它治伤，它就唱歌给樵夫听，樵夫和银鸟一起过着幸福快乐的日子。

樵夫的邻居发现了樵夫家的银鸟，然后告诉樵夫，他看到过金鸟，金鸟比银鸟漂亮上千倍，而且，歌也唱得比银鸟更好听。樵夫想着，原来还有金鸟啊！从此樵夫每天只想着金鸟，不再仔细聆听银鸟清脆的歌声，原来的那种快乐也渐渐离他远去了。

有一天，樵夫望着金黄的夕阳，想着金鸟的美丽。樵夫的心不在焉被银鸟察觉了，正好银鸟的伤也已经痊愈，于是就准备离开樵夫，回到森林里去。银鸟飞到樵夫的身旁，最后一次唱歌给樵夫听，樵夫听完，只是很感慨地说："你的歌声虽然好听，但是比不上金鸟；你的羽毛虽然很漂亮，但是比不上金鸟的美丽。"

银鸟发出了一声响亮的鸣叫，在樵夫身旁绕了三圈向他告别后，便朝金黄的夕阳飞去。樵夫望着夕阳中飞远的银鸟，毕竟相处久了，还是感到一阵失落。

忽然间,他发现,在金黄的阳光照耀下,银鸟全身发出一道道耀眼的金光!樵夫惊呆了——哦!金鸟!终于找到了!樵夫大声呼喊,想把银鸟再叫回来,但已晚了……

哲思 遇见银鸟是樵夫一生的幸运,但樵夫却因为邻居的一句话而对银鸟不知珍惜,这是多么可悲的一件事啊!在人生中,我们经常发现许多人总是在悔恨过去,或是在忧虑未来,然后就压制现在。所以他们只是活在昨天与未来,却没有人真正地活在今天,珍惜身边的一切。这样来看,我们不就和那个不知珍惜的樵夫没什么区别了吗?

富兰克林卖书

珍惜时间就是珍惜生命

有一天,在美国著名的物理学家和政治学家富兰克林所在报社前面的商店里,一位犹豫了将近一个小时的男人终于开口问店员:"这本书多少钱?"

"1美元。"店员回答。

"1美元?"这人又问,"你能不能少要点?"

"它的价格就是1美元。"

这位顾客又看了一会儿,然后问:"富兰克林先生在吗?"

"在,"店员回答,"他在印刷室忙着呢。"

"那好,我要见见他。"这个人坚持一定要见富兰克林。于是,富兰克林就被找了出来。

这个人问:"富兰克林先生,这本书最便宜能卖多少钱?"

"2美元。"富兰克林不假思索地回答。

"2美元?你的店员刚才还说1美元一本呢!"

"这没错,"富兰克林说,"但是,您打断了我的工作,我宁愿给您1美元也不想自己在工作的时候被人打断。"

这位顾客惊异了。他心想,算了,结束这场自己引起的谈判吧,他说:"好,那就2美元吧。"

"不,您需要付3美元。"

"又变成3美元?你刚才不还说2美元吗?"

"对。"富兰克林冷冷地说,"但是您又耽误了我两分钟时间。"这人默默地把钱放到柜台上,拿起书出去了,在走的时候,他若有所思,因为富兰克林彻底改变了他的时间观念。

哲思 富兰克林明白,珍惜时间就是珍惜生命,因此,他才会做出这种类似"奸商"的事情。对于弗兰克林的时间观念,那个男人若有所思,那我们呢?我们本身不是也常常像那个男人一样为了一点点蝇头小利而斤斤计较,却完全不曾注意到时间正在自己的身边飞速流逝吗?从现在起,珍惜时间吧,因为时间就是我们的生命。

有着非凡亲和力的女孩

把每个人都当做自己的宝贝

有这样一个女孩,无论她走到哪里总是会有很多的朋友,以前的老朋友会经常挂念她,给她打很多电话,而身边的新朋友也总是源源不断,即使是在路边邂逅的陌生人也对她有好感。很多不熟悉她的人都惊异于她的亲和力,不明白为什么她可以交到这么多的朋友,而她的朋友又是这样的挂念她。

随着问她这个问题的人越来越多,这个女孩给出了自己的答案:"我长得并不漂亮,所以别人喜欢我不是因为我的外在,如果说我的内在足够吸引人,我想那就是我格外珍惜和身边人的缘分!念书的时候,我想,和这些本来陌生的人能在一起学习多么不容易啊。有了这样的想法,就不可能和他们产生矛盾,也不可能不关心他们;当我踏入社会,我又觉得和同事、老板在一起工作也是一种缘分,说不定两三年之后大家又分开了。这样想着,我就觉得每个人都像宝贝。"

哲思 如果我们真正珍惜和身边人的缘分,我们就会把每一个人都当成宝贝,把每一个人当成宝贝的人,别人也会把他当做宝贝,这就是那个有着非凡亲和力的女孩的秘密。

第6课

幸与不幸,只在一念之间

幸与不幸,只在一念之间,这是一些关于心态的故事。我们常常用一个词来形容大海,这个词是"变化莫测",但比大海还要难测的,则是人心。幸福,这是每个人都希望得到的,但什么是幸福,从古到今都没有一个明确的定义。幸福在哪里? 幸福就在我们的心里,就在我们的一念之间。只要我们有一个好心态,我们就是幸福的。

勇者为王

打破心灵的枷锁

玉皇大帝每天都要管理三界的事物,他实在觉得忙不过来了,于是决定在百兽中选出一位作为自己的助手,成为管理百兽的兽中之王。

兽中之王谁不想做?动物们一个个跃跃欲试,更有甚者,直接把自荐书递给了太白金星,请他转交给玉帝。玉帝见了推荐信后,觉得众兽各有所长,无论选择谁,落选的诸兽都会不服气。便决定对它们进行考试,胜者为王。百兽们听说后,觉得这是唯一公平的方法,便都同意了。

比赛的日子到来了,玉帝将所有想要参选兽中之王的动物带到一个大大的装满白色液体的水池边,说:"这是'死海',这里面装的不是水,而是烈性毒药,你们跳下去之后必须拼命游,用自己最快的速度游到对岸,否则便会中毒身亡。谁先游到对岸,谁就是兽中之王。"参赛的动物们听后,都愣住了,百兽之王的头衔和地位虽然重要,但是如果把命丢了,这荣耀和权利还有什么用呢?

于是,大象第一个退缩了:"尊敬的玉帝,我的鼻子今天特别痒痒,我就不参加比赛了。"说完,大象静悄悄地退到了一边。

"嗯,尊敬的玉帝,我屁股上没长毛,我怕跳进'死海'后,海水太凉,我会感冒的。"猴子说完,溜到了一棵树上,看热闹去了。

"游泳不是我的特长,我也不太具备管理的能力,我想百兽之王这个职位还是留给那些德才兼备的人吧。"野猪说完,躺在岸边酣睡起来。

玉帝看了看它们的丑态,心里很是生气,正想发怒,却不曾想"扑通"一声,狮子已跳进了"死海",只见它拼命地舞动四肢,飞快地向对岸游去。

"我要让你葬身'死海',以后就没有人比我更聪明了,这兽中之王,非我莫属。"狐狸心里美滋滋地想。原来,狮子是被阴险的狐狸给推下去的。

在刚落进"死海"的瞬间,狮子也绝望过,但它想:"与其待在'死海'里等死,不如奋力游向对岸,说不定还有生的希望,而且玉帝说了,只要拼命游,就可以不死的。"这样一想,狮子顿时觉得心里轻松多了,它把对死亡的恐惧化为求生的动力,没几下就游到了对岸。在动物们的掌声中,玉帝亲手为狮子戴上了金灿灿的王冠。

"'死海'里盛的不是毒液,而是牛奶。"玉帝拉着狮子的手,大声笑道,"我只是想考验一下你们的勇气,没成想你们一听见'死海'的名字,便先吓破了胆,已在心理上输给了自己,就连这一点勇气都没有,怎么做兽中之王?"

"我是被人暗中推下去的。刚落进水中时,我也害怕过,但我想同样是死,还不如拼命一搏,心里没了包袱,我就轻松地游到了岸边。"狮子刚说完,狐狸便羞愧得夹着尾巴溜了。

哲思 狮子赢了,他并非胜在勇气,而是赢在心态。人生亦如此,有时我们输了,并非是技不如人,而是心态不如人。只有打破心灵的枷锁。彻底地抛弃束缚自己心灵的无形锁链,才能甩掉困境,拥抱成功。

蛊病

心态是最好的良药

古时候,有个人偶感风寒,咳嗽不止,他觉得浑身都不舒服,怕是得了重病,于是赶忙叫人去请大夫。医生看了看他那个无精打采的样子,又摸了摸脉,说他是得了蛊病,如果不抓紧治疗恐怕活不过三个月。这个人一听,大惊失色,连忙拿出许多金子,求大夫一定要治好他的病。

这个大夫给他开了治蛊病的药吃,但是,大夫说这种药疗效虽好,但是药性太过霸道,会攻击人的肾脏和肠胃,又会灸烧人的身体和皮肤,因此,吃这种药必须注意禁美味佳肴,否则药物难以奏效。这个人心想,命都快没了,还哪有心思吃美味佳肴啊,但愿这药能管用,赶快把我的病治好吧。可是,一个月过去了,这个人病情非但不见好转,反而加重了,除了咳嗽,还有内热外寒,加上他一个月都没正经吃过东西了,营养不良,身体瘦弱疲惫,真的像一个患蛊病的人了。

既然这个大夫治不好他的病,那么就只能再请另一个大夫了。这次大夫望、闻、问、切之后认为他患的是内热病,于是又给他吃寒药。这次,他又花去许多金子。结果呢,大夫开的寒药搞得他每天早晨呕吐、晚上腹泻,痛苦不堪,这下更是一点饭都吃不下肚了。他心里非常害怕,这样下去恐怕真的保不住命了。这个人心想,既然寒药不管用,那么热药或许能起到效果。于是,他又反过来改服热药,谁知这样一来,他又全身浮肿,到处长痛生疮,搞得他头晕目眩,浑身是病,一天到晚叫苦不迭。实在没办法了,他只好再换一个大夫。这个大夫见他满身是病,真不知从何医起,干脆没敢要他的钱,直接告诉他的家人为他准备后事了。

后来,一个邻居家的老人见他形容憔悴,病症奇特杂乱,就开导他说:"这都是庸医害人、你胡乱吃药的结果呀。其实你本没什么大不了的病,人的生命,本以元气为主,再辅之以一日三餐正常的饮食。而你呢,总是自己吓唬自己,觉得不吃药你的病就好不了,天天吃这药喝那药,千百种药毒搅乱了你的体内正常秩序,结果既损害了你的身体,又阻断了饮食的营养供给,再加上你每天活在恐惧之中,所以肯定会百病齐出。我看你当务之急是要安定思想,别整天想着死啊活的,再辞谢医生,放弃药物,恢复营养,多吃点好吃有营养的东西。这样,你的元气就会慢慢在体内恢复,病自然也就好了。我跟你说,良好的心态才是最管用的药啊!你不妨照我说的去做,保证有效。"

这个人在万般无奈的情况下,按照老人所说的去做了,三个月之后,果然身上的各种病症就消除了,身体又恢复了健康。

哲思 在现实中,难道我们自己不是这样吗?但凡遇到点鸡毛蒜皮的小事我们就如临大敌,或是怒不可遏或是垂头丧气。其实,心态才是最好的良药,不敢说包治百病,但绝对可以让我们在日常生活中省去无数的烦恼。

两只猴子

心态决定命运

从前有两只猴子，他们从小一起长大，他们有一个共同的梦想就是去遥远的花果山朝拜美猴王。终于，他们决定上路了，临行前，一只猴子准备了充足的水和食物，另一只猴子则两手空空，什么也没带。

"喂，老兄，此去花果山有万里之遥，一路之上千难万险，你怎么两手空空什么都不带啊？"准备了充足食物的猴子问道。

"老弟，我只是没带水和食物而已，谁说我什么都没带？"

"你明明连个包裹都没有。那你说，你还带了什么？"

"我带了决心！在这里！"空着手的猴子用手拍了一下自己的胸脯。

"哈哈！决心？决心能当饭吃吗，能当水喝吗？"

"的确，决心不能当饭吃、当水喝，但在关键时刻，它比饭和水更重要！而且我们是猴子啊，野果和山泉水就足够我们充饥了，我们又不是去野营的。"

就这样，两只猴子踏上了去花果山的旅程。一路上，带着食物的那只猴子饿了就吃，渴了就喝。在路程只走到一半时，它口袋中的食物就所剩无几了。因此，它开始变得忧心忡忡起来，甚至有了往回走的念头。而另一只猴子呢，除了匆匆赶路之外，饿了就随便到附近村庄讨一口饭吃，渴了就在路边喝一口山泉，有时甚至是靠采集野果充饥。虽然如此，但它显得很快乐，并热切地期待着自己早一天到达花果山。

一天，当带着食物的那只猴子，发现口袋里最后的一个玉米棒子也被自己吞下肚子，且水壶里一滴水也不剩时，它的精神也随之彻底崩溃了，它疲惫地对另一只猴子说："老兄，咱们还是回去吧，这没有食物和水的日子可怎么过呀？"

"你可以像我一样，采食一些野果充饥不就行了吗？"

"我可不想吃那些野果子,又涩又苦,太难吃了,还有那些山泉水我也不能喝,我肠胃不好,喝了一定拉肚子!"

于是,两只猴子分开了。一只回了家,而另一只则坚定地朝花果山走去。

若干年后,花果山上的老猴王死了,新继位的猴王十分想念故乡和故乡的朋友,于是决定回乡省亲。在他的故乡,当初半途返回的那只猴子发现,新猴王竟是当年那只与它同行,且两手空空的猴子。

"你竟然成了猴王!你太了不起了!你是怎么做到的?"这只猴子急切地问猴王。"决心!"猴王拍了一下自己好朋友的肩膀,"这是我第二次用同一个答案回答你的问题了。"

哲思 有些人面临困难,便自暴自弃。而他之所以无法成功的原因,就在于稍微受到挫折便信心全失。在人生的道路上,成功并没有捷径,除了努力之外,更重要的是要有决心。正所谓心态决定命运,遇到难题,如果没有决心去突破"瓶颈",反而一味懊恼、颓废,最后就会像那只中途返乡的猴子一样一事无成。

披着兽皮的猎人

自负不是种好心态

在辽阔的蒙古大草原上有一个猎人,这个猎人的捕猎技术非常出色,大大小小的动物打了不少,家里有各种各样的兽皮。有一次,他正想出去打猎,刚一开门,一股寒风吹了进来,冻得猎人打了个哆嗦。于是猎人返身进门,想找件兽皮挡挡寒,顺手抓了一张狮子皮,披在身上就出去了。

到了野外,猎人越走越觉得不对劲,猎手的本能让他感觉有事情要发生。果然,只听得一声长啸,一只吊睛白额大虎跳了出来。猎人虽然可以下陷阱捕捉猛兽,但再好的猎手也不可能跟成年猛虎正面对抗。于是猎人心里暗想:糟糕,要躲也来不及,这下可完了。

再说那只老虎，早已饿了多时，一见有东西过来，就要往上扑。可仔细一看，原来是只大狮子！于是赶紧溜开了！

猎人本来已经在等死了，可是站了半天，还不见老虎来吃他，大着胆子睁开眼一看，老虎夹着尾巴在往回跑，一闪就不见了。猎人给弄糊涂了，但又一想，对了，老虎肯定知道自己是个好猎手，因害怕自己而跑掉的。猎人非常得意，丝毫也没往自己披的狮子皮上去想。他趾高气扬地回到家，逢人就夸耀说："连老虎都知道我是打猎的好手，一见了我就马上逃走了！"

又过了几天，猎人又出去打猎了。这一回，他随便拿了一张狐皮挡风，像上次一样，走了没多远就又碰上了老虎。猎人一点不怕，大摇大摆地走了过去。老虎见是狐狸，连扑都懒得扑，就站在原地斜着眼睛瞧着他走过来。猎人走到老虎跟前，见老虎还不让路，不由大怒，高声威胁说："畜生，见了我还不滚开，当心我扒了你的皮！"老虎猛地跳过去，可怜的猎人，就这样成了老虎的一顿美餐。

哲思 猎人死在了自己的心态上，因为他太相信自己的捕猎技术，太自负了。正是自负这种不良心态蒙蔽了猎人发现问题实质的双眼，最终害得他葬身虎口。在现实生活中，我们是不是也对自己的某方面极度自信到了自负的程度呢？记住，自负不是种好心态，在生活和工作中，还是谦虚谨慎些才更有好处啊！

铁索桥

用平和的心态来克服困难

从前，有4个人结伴出行，他们分别是一个盲人、一个聋子和两个健全的人。在路上，他们遇到了一座非常险要的铁锁桥，它连接的是一条大河的两个绝壁，而且这里是他们必经之路，要想去他们目的地的那个城市，就必须过这座铁锁桥。可是，这里实在是太险了，桥就是几根铁索上面铺着木板，桥下就是奔腾的河水,如果从桥上掉下去绝对没有生还的可能。

面对这样的一座桥,他们4个都很害怕,也很担心,一起停在了桥前面。这时,其中一个健全的人想到:"我的身体很健全,既不盲,又不聋,只要我细心一点,一定可以过去的。如果我不先走,难道要求盲人和聋子先过桥吗?我一定能过去的,不会那么倒霉地掉下去。"于是,他自告奋勇地先过桥,在剩余3个人的担心下,有惊无险地过了桥。得知他安全到达了桥对面以后,剩下的3个人都舒了一口气。

那个盲人心里想到:"既然他可以过去,那我也可以。而且我是个盲人,我什么都看不到,也就不知道山高桥险,既然不知道危险,那么我过桥的时候就会心平气和了,就当是在平道上走吧。"于是,盲人第二个过桥,他果然和他想的一样,心平气和地过了桥,成功地到达桥对面,离他们理想的城市又近了一步。

那个聋子想:"我什么都听不到,也就听不到下面河水的怒吼和咆哮,这样我就不会有恐惧感,只要我不恐惧,就能心平气和地过桥,我一定能安全地到达桥的对面,盲人都过去了,我也不能比他差。"于是,那个聋子第三个过桥,他只是努力往前看,听不到下面河流的怒吼,也就感觉不到恐惧,从而安全地抵达了桥的对面。

最后是另外一个四肢健全的正常人,他非常悲观,一点儿自信都没有,他心里想:"这里太危险了,我能过去吗?一掉下去可就尸骨无存了啊!但是他们3个都过去了,他们绝不会回来找我的,看来我只能硬着头皮上了。"就这样,最后一个人被迫走上了铁锁桥。他过桥的时候非常害怕,时而看看旁边的峭壁,时而看看下面湍急的河水,最后再听到河水疯狂的咆哮,这一连串事件惹得他心烦意乱,最后他一不小心,失足掉到河里淹死了。

哲思 一个人的心态对他做的事是否能够成功有很大影响,可以说,只有平和乐观的人才能获得成功。就如故事里面那4个人一样,身体的健全与否不是过河的关键。关键是心态,即他们是否能够积极乐观地面对生活中的挑战。只要有了乐观的心态就能获得成功,不论身体上是否有缺陷。

还有什么好担心的呢

好事还是坏事只在我们的一念之间

汤尼是美国加利福尼亚州一位刚毕业的大学生。在当年的冬季大征兵中汤尼依法被征召入伍，并且被分配到最艰苦也是最危险的海军陆战队去服役。众所周知，海军陆战队是美国军队的骄傲，但同时也是阵亡率最高的一支部队，自从汤尼得知了这个消息，他几乎像患上了抑郁症一样惶惶不可终日。

在加州大学当教授的祖父见到孙子汤尼这副魂不守舍的模样，便开导他说："孩子啊，这没什么好担心的。到了海军陆战队，你将会有两个机会，一个是留在内勤部门；一个是分配到外勤部门。如果你分配到了内勤部门，那么打仗也就轮不到你了，那还有什么可担心的呢？"

汤尼问爷爷："那要是我不幸被分配到了外勤部门呢？"

爷爷说："那同样会有两个机会，一个是留在美国本土；另一个是分配到国外的军事基地。如果你被分配到美国本土，那还有什么可担心的呢？"

汤尼问："那么，若是被分配到了国外的基地呢？"

爷爷说："那也还有两个机会，一个是被分配到和平而友善的国家；另一个是被分配到维和地区。如果把你分配到和平友善的国家，那还有什么可担心的呢？"

汤尼问："爷爷，那要是我不幸被分配到维和地区呢？"

爷爷说："那同样还有两个机会，一个是安全归来；另一个是不幸负伤。如果你能够安全归来，那还有什么可担心的呢？"

汤尼问："那要是不幸负伤了呢？"

爷爷说："你同样拥有两个机会，一个是依然能够保全性命；另一个是医治无效。如果尚能保全性命，那还有什么可担心的呢？"

汤尼再问："那要是医治无效怎么办？"

爷爷说："还是有两个机会，一个是作为敢于冲锋陷阵的国家英雄而死；一个是唯唯诺诺躲在后面却不幸遇难。你当然会选择前者，既然会成为英雄，那还有什么可担心的呢？"

哲思 爷爷并不是在跟自己的孙子抬杠，他是想教给孙子一种豁达的人生态度。既然结果依然无法改变，那担心又有什么用呢？事实上，这个世界上的好事和坏事都不是绝对的。古人说："福兮祸所倚，祸兮福所伏。"这个世界上的好事和坏事，都只在我们的一念之间罢了。

半朵牡丹

用宽容的心态对待世界的不完美

古时候，有一位商人想到自己的朋友生日就要到了，决定置办一份礼物前去贺寿。商人觉得，他自己是个最有品味的人，虽然自己也很富有，但送出去的礼物一定要高雅、有深度，决不能送那种铜臭味太重的礼物，那样的话就显得自己太没档次了。最后想来想去，决定还是送朋友一幅画，因为这样既显得自己高雅，又不显得寒酸。于是，他去了那个城镇上最有名的一个画师那里。

商人进了门之后，看到一位精神矍铄的长须老者端坐在堂上，便问："掌柜的，我想请您画一幅画。"

老人问："请问您要画什么样的画呢？"

"我想要一幅最有气质、最有深度的画，送给朋友当贺礼。"商人自豪地说着。

老人抬起头来，端详着面前这位穿戴华丽的人，问道："请问您觉得什么样的画是最有深度、最有气质的呢？"

根本不懂画的商人，被这样反问，一时语塞不知该答什么，冥思苦想了半天，说道："我那位朋友是个爱花的人，那么我送他一幅牡丹吧。"

老人笑着说："好啊，牡丹代表大富大贵，简单明了又有意义！"于是，就现场作了一幅牡丹的画,商人觉得老人画得不错,就高价把这幅画买下来带了回去。

在朋友的寿宴上,商人当场将之前请老人画的那幅牡丹展示出来,所有人看了无不赞叹这幅画活灵活现。当商人正觉得自己送的贺礼最有品味时,忽然有人惊讶地说:"嘿,你们看,这真是太晦气了,这幅画最上面的那朵牡丹,竟然只有半朵!那岂不是成了'富贵不全'吗?"此时在场的所有客人都发现了,而且都觉得牡丹没有画全,的确有富贵不全的缺憾。最尴尬的就是那个商人了,只怪当初自己没好好检查这幅画。原本一番好意,反而在众人面前出丑,而且又不能挽回面子了,真是倒霉。

但这时候,主人却站出来说话了,他向着商人深深作了个揖,感谢商人送给他这么好的礼物。席间众人都觉得莫名其妙,送了一幅这么糟糕的画,竟然还要道谢!主人却说:"诸位,你们都看到了,最上面的这朵牡丹花没有画完它该有的边缘。牡丹代表富贵,而我的富贵却是'无边',他这是在祝贺我'富贵无边'啊!"

哲思 生活就像那幅半朵牡丹的花一样,常常会有很多缺陷和不尽如人意的地方。如果我们有那位主人那样的胸怀,用宽容的心态来面对这个世界的不完美,无疑就会使生活变得美好许多。

有裂缝的水罐

缺陷往往并不值得自卑

从前有个挑水工,他的工作就是从远处的水井里打水,然后用两个水罐把水挑回来倒进水缸里。

挑水工的两个水罐,一个完好无缺,一个有一条裂缝。每天早上,挑水工都拎着两个水罐去打水,但到家的时候,有裂缝的水罐里只剩下一半的水了。所以,完美的水罐常常嘲笑那个有裂缝的水罐,而有裂缝的那个水罐也因此十分自卑。

终于有一天,在挑水工正在挑着水往回走的时候,有裂缝的水罐难过地哭了。他对挑水工呜咽道:"真对不起,因为我的裂缝,让你每天都要多跑两趟,我浪费了你多少时间啊!"

挑水工听了说:"不,没有浪费。不信,你可以看一下回家路上的那些鲜花。"说完,挑水工又挑着水罐往回走。

果然,有裂缝的水罐发现,不知何时,自己这边的小路上开满了各种鲜花,而好水罐的那边却没有。挑水工边走边说:"我在你这边的路上撒下了花种,正因为你的裂缝,才使它们每天都喝到了足够的水,开出了美丽的鲜花。若不是你,我怎么可能每天采花,装饰自己的家园呢?"

有裂缝的水罐听到这儿,高兴地笑了,从这以后,无论好水罐怎么嘲笑它,他也不再感到自卑了。

哲思 人生不如意,十之八九。在生活中,我们每个人都会有自己的缺点,都会有自己的"裂缝"。但事实上,我们完全没必要为自己的"裂缝"感到自卑,因为只要我们善于利用这些"裂缝",它们依然可以开出装点心灵家园的美丽鲜花。

裁 员

相信自己,我很重要

在第二次世界大战当中,日本的经济遭到了毁灭性的打击,无数公司破产,超过一半的人面临着失业的危险。在这样的社会背景下,一家濒临倒闭的食品公司,决定裁员三分之一,有三种人列在其中:清洁工、司机、仓管人员。经理找他们谈话,说明了裁员的意图。

清洁工的代表说:"我认为我们清洁工不应该被裁,因为我们很重要,如果没有我们打扫卫生,没有一个清洁优美的环境,你们怎能全心投入工作?再说,我们是食品厂,卫生不合格,我们的品牌可就彻底完了!"

司机的代表说:"我们同样很重要,如果没有我们司机,我们生产出来的产品还没等送到消费者手里就腐坏变质了!"

仓管人员的代表说:"难道我们不重要吗?我们是生产企业,生产企业必须要有库存,现在战争刚刚过去,社会秩序不好,如果没有我们,这些食品岂不被偷光?"

经理觉得他们说得都很有道理,决定不裁员,重新制定管理策略,最后,经理在厂门口挂了一块大匾,上面写着"我很重要"。从此,员工每天来上班,第一眼看到的就是"我很重要"这四个字,从一线员工到高层管理人员,都认为老板很重视他们,因此干活很卖命。这句话调动了员工的积极性,几年后公司快速崛起,成为日本有名的大公司之一。

哲思 生命没有高低贵贱之分。一只蜜蜂与一只雄鹰相比虽然不起眼,但它可以传播花粉,从而使大自然色彩斑斓。任何时候都不要看轻了自己,在关键时刻,你敢说"我很重要"吗?试着说出来,你的人生也许会由此揭开新的一页。

谁才是真正的主角

把自己当成生活的主角

安妮上小学4年级了,她是一个很可爱的小女孩,她从小就特别喜欢表演。她在家里的聚会或者亲戚之间的聚会中经常给大家表演节目,每一次都会获得大家的真心喝彩。当然,仅仅给家人表演还不能满足安妮的表演欲望,她希望有一天能够站在聚光灯下,在真正的舞台上表演,她渴望获得观众们的欢呼和喝彩。

终于,机会来了,安妮所在的学校要排演一个全部由小学生演出的大型的话剧"圣诞前夜"。这个话剧会在学校的大礼堂里表演,到时候全校师生和家长们都会去看。选演员时,安妮第一个报名参加了面试,她认为自己很出色,肯定能够得到一个好的角色。但是面试完了以后安妮却垂头丧气地回来了,因为她没有当上主角,当导演的老师只给她安排了一个无关紧要的角色——一只狗。失望的安妮把自己关在房间里,吃饭的时候也不想出来,躺在床上用被子蒙着自己的头,什么也不想干。

看到自己的女儿心情如此低落,安妮的妈妈敲开了安妮房间的门,进去开导她。当知道了安妮的困境以后,妈妈说:"安妮,你得到了一个角色,不是吗?不要看不起这个角色,你可以用主角的心态去演戏。你只有投入进去,才能够演好,即使角色只是一只狗,你也可以成为主角。只要拥有主角的心态,你就是主角。"

听了妈妈的这番话,安妮心中豁然开朗,她不再悲观,不再难过,全身心地投入到了话剧的排练之中。为了演好这只狗,她甚至去买了一副护膝,这样她在舞台上爬来爬去的时候就不会疼了。

演出的那一天终于到来了,安妮的爸爸妈妈也坐在台下看她的演出。先出场的是男主角,然后是女主角,他们坐在壁炉前聊天。这时,安妮穿着一套黄色的、毛茸茸的狗的道具服出来了,她手脚并用地爬上了舞台。安妮的出现把台下所有观众的目光都吸引到了自己的身上,因为观众们发现安妮不仅仅是简单地在地上爬,而是把小狗的那种蹦蹦跳跳、摇头摆尾的姿态模仿的惟妙惟肖。紧接着,她在小地毯上伸个懒腰,然后才在壁炉前安顿下来,开始呼呼大睡。这一连串的动作,逗得台下的观众哈哈大笑。

随着剧情的发展,安妮进行了很好的配合,她时而从梦中突然惊醒,机警地四下张望,神情和家犬一模一样;时而好像察觉到异样,仰视屋顶,喉咙里发出呜呜的低吼声,她费尽了心思,表演得相当逼真。安妮的爸爸妈妈发现现在大家已经不再注意主角们的对白了,他们的目光都被安妮吸引住了。他们关注着安妮的一举一动,然后不时地发出笑声。

那天晚上,安妮虽然没有一句台词,但却抢了整场戏,虽然她演的仅仅只是一条狗,但却成为了这出话剧真正的主角。台下的每一个观众都深深地记住了安妮扮演的那只狗,所有的人都夸奖安妮有表演的天分,在安妮出来谢幕的时候,观众们给了她全场最热烈的掌声。

哲思 生活中很多时候,也许你也像安妮一样,并没有成为"主角"。常常,我们所扮演的角色并不那么炫目,没有被大家当成"主角",所以往往会被大家忽视。但是没有关系,让我们像安妮那样努力,带着主角的心情去"演戏"吧。只要我们把自己当成是主角,那么我们就是自己生活中的主角。

一根美丽的羽毛

骄傲是一杯毒酒

有一根非常绚丽耀眼的羽毛,生长在大鹏鸟的翅膀上。在众多的羽毛中,这根羽毛与众不同,它每时每刻都闪闪发亮,耀眼夺目,令其他羽毛羡慕不已。漂亮羽毛自己也因此得意洋洋,摆出一副不可一世的样子。

有一天,漂亮羽毛意气风发地对其他羽毛说:"大鹏鸟展翅飞翔时看起来如此壮观伟岸,还不都是因为我?要是没有我,它休想像现在这样风光。"其他羽毛听罢都低声附和。又过了一段日子,那根漂亮的羽毛更加自以为是地对其他同伴说:"我的贡献太大了,没有我的话,大鹏鸟哪里能够一飞冲天呢?"

漂亮羽毛整天陷在骄傲自负的泥沼里,无法自拔。终于它孤傲且目中无人地对大家宣布:"我觉得大鹏鸟已经成为我人生沉重的负担,要不是大鹏鸟硕大无比的躯体重重地压着我,我一定可以自由自在地飞翔,而且会飞得更远更高。"

说完,漂亮羽毛就使出浑身解数,拼命地脱离大鹏鸟,最后它终于如愿以偿,从大鹏鸟的翅膀上掉落下来,可它在空中没飘多久,就无声无息地落在泥泞的土地上再也没有飞起来过,最后渐渐化为了泥土的一部分。

哲思 骄傲是一杯毒酒,它的毒性杀人于无形,最可怕的是,它会蒙蔽中毒者的双眼，让这个人再也看不清自己的价值。在生活中，我们不妨反思一下，是不是自己也说过类似于这根羽毛说的那些话呢？如果有，恐怕我们就得赶紧给自己"解毒"了。

雷诺的毒酒

不幸发生了，悲伤有什么用？

雷诺居住在法国巴黎，他在巴黎是一位非常著名的喜剧演员。在生活中，雷诺也是一个心态很好，很快乐的人，他还总喜欢在生活中创造一些小意外，让大家开怀一笑。所以，无论他是在舞台上还是在舞台下都很成功。观众们喜欢他，朋友和家人们也很喜欢他。

一次，雷诺给自己放了两个月的假，离开巴黎独自到乡下游玩，放松一下心情，顺便也可以寻找一些可以搬上舞台的素材。但是，当他的旅程还没有结束的时候，他忽然收到了家里的电报，他的爸爸病危，可能撑不了多长时间了，让他立即赶回巴黎。心急火燎的雷诺立即赶到火车站去买票，但是，雷诺只顾着担心，一不小心把自己的钱包弄丢了，身上就只剩下不多的一点零钱，这点钱远远不足以让他买回巴黎的火车票了。

事情既然已经到了这一步，雷诺反而冷静了下来。他想出了一个绝妙的办法，让他自己只花了很少的一点钱就回到了巴黎。他用剩下的不多的钱买了一个信封和两瓶酒，并在那两瓶酒的酒瓶上分别写上"给国王喝的毒酒"和"给王后喝的毒酒"，然后把他的窘迫情况和急需回家的理由在信里详细叙述，把信寄给国王。

雷诺把信寄出以后故意让警察们看见自己带着的"毒酒"。那个时候还没有电视，雷诺在巴黎再有名，乡下的警察也不可能认得他。于是，警察们看到这两瓶毒酒以后非常吃惊，把雷诺当成一个极度危险的犯罪分子押送到巴黎，准备让巴黎警方好好地审理这起"重大"案件。

不久之后国王收到了这封信,他看完以后哈哈大笑,夸奖雷诺不愧是一个成功的喜剧演员,然后把他放了出来,这样一来,雷诺就搭着警察局的便车回到了巴黎。

哲思 当我们遇到雷诺那样的困境时会怎么做?恐怕好多人都会一筹莫展吧。很少有人能够冷静地想出这么好的办法来化解这个危机。但是,生活就是这样,错过的事情永远都不可能再重来,已经变成遗憾的事情也没有办法来弥补。所以,我们在日常生活中要保持冷静的头脑,在遇到困境的时候不要忙着悲伤,不要忙着后悔。再多的悲伤和后悔对我们来说都没有用,重要的是要像雷诺那样赶快冷静下来,想出解决问题的办法,只有这样,才能让自己的人生不留遗憾。

三遍鸡鸣

坚持到底是成功者的法宝

有两个人偶然与神仙邂逅,神仙授予他们酿酒之道,让他们选端阳那天饱满的米,与冰雪初融时高山流泉的水珠相调和,然后注入千年紫砂土铸成的陶罐中,再用初夏第一张看见朝阳的新荷覆紧,密闭七七四十九天,直到鸡叫三遍后方可启封。

像每一位传说里的英雄一样,那两个人跋涉千山万水,历尽了千辛万苦,找齐了所有的材料,然后潜心等待七七四十九天后那个伟大的时刻。多么漫长的等待啊!启封那天终于到了,为了等待鸡鸣的声音,两个人一整夜都没有睡觉。远远地,传来了第一遍鸡鸣,过了很久很久,依稀响起了第二声鸡鸣。

可是,第三遍鸡鸣到底什么时候才会来?其中一个人再也忍不住了,他迫不及待地打开了陶罐,却惊呆了——里面的一汪水,好像醋一样酸,仿佛中药一样苦。他后悔莫及,失望地把它倒在了地上。而另外一个人,虽然欲望也像一把野火似的在他心里燃烧,让他按捺不住想要伸手,但他硬是咬紧牙关,坚持到第三遍鸡鸣响彻天际。最后,他酿出了一罐十分甘甜清澈的好酒。

哲思 很多时候,成功者与失败者的区别往往不在于更多的努力,或者更聪明的头脑,而在于是否能够坚持到底。这个"底",有时是一年,有时是几天,有时仅仅是"第三遍鸡鸣"而已。

卖豆子的快乐

机遇源于乐观的心态

在古代西方有这样一种说法:"卖豆子的人应该是最快乐的人。"为什么呢?因为大家认为他们永远不用担心豆子卖不出去,他们手里的豆子可以给他们提供千万个赚钱的机遇。

当豆子没有卖出去的时候,卖豆子的人可以有很多选择:如果豆子被卖完了固然很好,即使豆子没有被卖完,也可以拿回家去磨成豆浆,作为第二天的早点再卖给行人;如果豆浆还是卖不完,他们也不用担心,还可以把豆浆制成豆腐去卖,一点儿也不会浪费;即使豆腐卖不了,变硬了,还可以把豆腐制成豆腐干来卖;而豆腐干再卖不出去的话,也可以再把这些豆腐干腌制起来,做成腐乳来卖,更重要的是,腐乳可以保质很久,几乎不用担心因为卖不出去而变质。

当然,卖豆子的人对于没有卖出去的豆子的处理方法远远不止上述那几种。比如,他们还可以把卖不出去的豆子拿回家,浇上些水让豆子发芽,过几天以后就可以卖豆芽了;如果豆芽没有卖完,没关系,可以在豆芽长大以后卖豆苗;如果豆苗也没有卖完,没关系,还可以把豆苗移植在花盆中当做盆景卖;如果盆景还是没有卖掉,也没关系,还可以把它移植到土地中,没过多久,它又会结出许许多多的新豆子,卖豆子的人又可以继续卖豆子了。

瞧,卖豆子就是这样一件让人感到快乐的事情。

哲思 在生活当中,不只是卖豆子的人有很多选择,我们每个人都有许许多多选择的机会。选对了的人往往把那次选择称之为"机遇";而选错的人则常常感叹自己白白让"机会"在自己手中溜走了。所以,遇到事情的时候不要忙着沮丧,要学会乐观地面对生活,因为机遇往往就存在于乐观的心态当中。

过 桥

克服恐惧,勇往直前

美国有一位心理学家曾经做过这样一个实验:

他先是找了十个大学生作为志愿者,然后让这十个人穿过一间黑暗的房子。在他的指引下,所有人都成功地走到了房子的另一边。

接着,心理学家打开了房间里的一盏灯。在昏黄的灯光下,志愿者们看到房子的中间是一个大水池,水池里有十几条大鳄鱼,水池上方搭着一座窄窄的小木桥,原来,他们刚才竟是在这座看起来一点都不牢靠的小木桥上走过去的。

心理学家问道:"现在,你们当中还有谁可以再次穿过这间房子呢?"

有三个胆子大的站了出来。其中一个小心翼翼地走了过去,但是他的速度甚至比在黑暗中还要慢;另一个颤抖抖地踏上小木桥,走了一半时,竟趴在小桥上爬了过去;第三个刚走几步就一下子趴下了,再也不敢向前移动半步。

心理学家又打开房内的另外的几盏灯,灯光把房里照得如同白昼。这时,志愿者们才看见小木桥下装有一张安全网,只是由于网的颜色很浅,在刚才昏暗的光线下才没有被发现。

心理学家又问道:"现在有谁可以通过这座小木桥呢?"

这次,有五个人站了出来。

导师问剩下的人:"你们为什么不愿意呢?这不是很安全吗?"

那些不愿意过桥的人异口同声地问道:"你能保证这张安全网牢固可靠

吗?"

哲思 其实很多时候，我们通向成功的路就像那座小木桥，失败的原因往往不是能力低下、力量薄弱，而是信心不足、勇气不够，还没有上场，就先败下阵来。而这实在是太可惜了，只不过人的天性就是趋利避害，所以这种心理很不容易被克服。但如果我们一旦克服了这种心理，我们就会发现，实际上那些所谓的危险，只是我们的想象罢了。

驴子的经验主义
别让投机心理拖了我们的后腿

从前有一个小贩，他和一头驴相依为命，他赶着驴走乡串村，做各种买卖，他曾贩卖过布匹、珠子、水果、蔬菜，反正什么能赚钱，他就卖什么。

有一天，这个小贩无意间听到了一个商机，他听人说海边的盐很便宜，于是就想去海边贩盐，然后把盐运到山里去高价卖出。

海边的盐果然很便宜，小贩一口气买了好几大袋，统统驮在了驴背上。一路都很顺利，他们来到山间，经过一道狭窄的石桥，桥下有条很深的小溪流过。商人牵着驴，在滑溜的石桥上小心翼翼地走着，驴子忽然滑倒，一下子跌进小溪。驴挣扎着逆水而游，溪水把它驮的盐溶化了，冲走了，就只剩下空口袋还系在鞍上。驴身上没有了负重，于是很容易地上了岸。这次死里逃生让驴意识到：原来掉进水里可以减轻身上的担子啊！

过了不久，小贩决定再去贩一次盐，他带着驴到海边去，让驴驮上盐往山里走。一到那座狭窄的石桥，驴就想起它曾多么轻易地甩掉重担，不驮东西走路是多么舒服。这一回它故意跌进溪里去，直到盐溶化得一干二净才站起来。小贩也不是傻子，他怀疑这次根本就不是意外事故，而是那头驴子在搞鬼。于是，他想出了一个惩戒那头懒驴的好办法。

这一次,小贩放在驴背上的是几大口袋海绵,然后故意牵着驴子走到了那道石桥上。这一路驴子都在想:"这口袋真轻,一到了那座石桥就会更轻了。"

不久,他们来到石桥。驴子的经验主义发作,又一次"掉"进了水里,可这次跟以往完全不同,海绵不仅没像盐那样很快溶化,却反而吸满了水。驴感到背上的口袋越来越重,心想:"这是什么东西?不对劲儿呀!"

后来,他觉得自己在溪里直往下沉,就大叫道:"救命呀!主人,救命呀!"小贩看见驴子被淹得半死,才从水里把它拉上岸。此后,这头驴子再也不敢耍小聪明偷懒了。

哲思 投机取巧是一个甜蜜的陷阱,只要成功了一次就会让人渐渐迷上那种"全世界只有我最聪明"的感觉。但是,依靠投机取巧也许会得利一时,绝不可能得意一世,终究是要露出马脚、摔跟头的。因此,我们可千万别像那头驴一样,被投机心理拖了我们的后腿,否则到了事发的那一天,可不见得会有人把我们拉上岸来啊!

哲学家的传人

不要看轻自己

很久以前,有一位哲人在风烛残年之际,知道自己时日不多了,就想考验和点化一下他那位平时看起来很不错的助手。他把助手叫到床前说:"我的蜡所剩不多了,得找另一根蜡接着点下去,你明白我的意思吗?"

那位助手赶忙说:"明白,您的思想光辉是得很好地传承下去……"

"可是,"哲人慢悠悠地说,"我需要一位最优秀的传承者,他不但要有相当的智慧,还必须有充分的信心和非凡的勇气……这样的人选直到现在我还未遇到,你帮我寻找和挖掘一位好吗?"

"好的,好的。"助手很温柔很尊重地说,"我一定竭尽全力地去寻找,以不辜负您的栽培和信任。"哲人笑了笑,没再说什么。

那位忠诚而勤奋的助手,不辞辛劳地通过各种渠道开始四处寻找了。可他领来的一位又一位人选,都被哲人婉言谢绝了。一次,当那位助手再次无功而返地回到哲人病床前时,病入膏肓的哲人硬撑着坐起来,抚着那位助手的肩膀说:

"真是辛苦你了,不过,你找来的那些人,其实还不如你……"

"我一定加倍努力,"助手言辞恳切地说,"找遍城乡各地、找遍五湖四海,我也要把最优秀的人选挖掘出来,举荐给您。"哲人笑笑,不再说话。

半年之后,哲人眼看就要告别人世,最优秀的人选还是没有眉目。助手非常惭愧,泪流满面地坐在病床边,语气沉重地说:"我真对不起您,令您失望了!"

"失望的是我,对不起的却是你自己。"哲人说到这里,很失意地闭上了眼睛,停顿了许久,才又不无哀怨地说,"本来,最优秀的就是你自己,只是你不敢相信自己,才把自己给忽略、给耽误、给丢失了……其实,每个人都是最优秀的,差别就在于如何认识自己、如何发掘和重用自己……"

话没说完,一代哲人就永远离开了他曾经深切关注着的这个世界。那位助手在后悔与自责中度过了整个后半生。

哲思 我们每个人其实就是一座金矿,关键是看如何发掘自己。可是常常,我们总是不相信自己可以做到更多的事,总是在自己给自己设置更多的障碍,让自己没办法达到更高的境界,这跟哲学家的那个助手的心态是多么的相似啊!相信自己行,才能大胆尝试,接受挑战。为此,我们要在回忆过去的成功经历中体验信心。同时,更要多做,力争把事情做好,从奋斗中得到更多的鼓舞。人需要勤奋,更需要自信。只有充满自信,才能开掘智慧,激发潜能,在人生的征途上健步如飞。

无上的神力

面对钱财，摆正心态

有一位尊神，他的长相有点奇特，脸色殷红，眼睛方正，圆圆的脸上刺了一些符号。虽然长得怪，但是他的神力可大着呢！这不？他站在大道中间，热气冲天却又夹着一些臭味，然而却有许多人围在他四周叩拜，诚恳而恭敬。也有些人站在一旁观望叹息，虽然心里对那些叩拜的人不以为然，但自己的脚下却也没舍得挪开。

对于这位尊神的神力，总是有人不理解："这是什么神呢？居然如此不可一世？他到底有哪些功绩？"神听到后，傲慢地表白开了："说到我的功绩嘛，可说是恩泽四海，无可限量。如果不是我，天下会有许多人穷苦困顿，难以生存。达官显贵无不对我孜孜以求，得到以后目光灼灼。平民百姓个个对我恭顺有加，希望我垂怜于他们。官吏没有我就不会快乐，商人没有我就活得没意义，交游没有我就难以周旋，文章没有我就难以显达，气质没有我就难以高贵，亲戚没有我就难以亲近，家庭没有我就难以和睦，就连爱情和生命这些被人反复歌咏的主题如果失去了我，也难以持久。谁还能找出古往今来比我更有功劳的神来？"

这时，一位不服气的年轻人站出来说话了："可是，你并不是开天辟地的时候就有了，跟那些正经的神仙比起来，你的资历差远了！在你没出现之前，千百年的捕鱼耕田也不见你的身影，历史的发展也不见得缺你不行。我看啊，你不是神，你是魔鬼！自从你出世以后，才搅得世道纷乱，人心不古，各种罪恶因你而加剧。庸人依你来判断轻重，小人以你来决定取舍，官人因你而作奸犯科。损人利己、尔虞我诈、敲诈勒索、弄虚作假、走私贩毒、巧取豪夺、行贿受贿、卖身求荣、草菅人命和醉生梦死等数不尽的社会弊端和人性丑恶，都离不开你的诱惑和推波助澜。你制造争斗，亲近邪恶，败坏人心，这些难道都是你所谓的功绩吗？你驱使天下数不尽的人，忙忙碌碌为你奔走，即使正直纯朴之人也很容易受你的影响和制约，从而变得自私和可憎。你自己说，你配做神吗？你功在哪里？绩在何方？你啊，还是去撒旦手下当魔鬼吧！"

尊神沉吟了一会儿，说道："孩子，你还真是血气方刚幼稚得可爱啊！你发表的这一通演说实在是正确极了，但你说的这些恰恰就是我获得神力的原因啊！这不仅是我的神通广大之处，而且也是历史发展的必要过程，同时也是人们自身所固有的一种本性。"说完，这位尊神仰天大笑，举目顾盼，挥手告别。数不清的人们簇拥着这位天皇巨星般的神浩荡而去，这时，大家看到在这尊神的背后刻着一个字——钱。

哲思 金钱是一把双刃剑。离了它我们往往干不成事，但是，它绝不是万能的，而且极有可能让我们为了它而疯狂，而不择手段。因此，面对金钱，我们要有一个正确的态度：我们赚钱，我们花钱，但我们决不能被金钱所奴役，做金钱的奴隶。

快乐的穷邻居

金钱并不等于欢乐

有一位富翁，虽不是富可敌国，却也称得上富甲一方。但他仍整天忙忙碌碌，不停地赚钱，好像赚钱是他唯一的嗜好。富翁有一位邻居，虽然很穷但是每天悠然自在，欢乐的琴声不时从他破旧的房子里传出。

穷邻居活得非常快乐，富翁奇怪地问仆人这是什么原因。这个仆人相当聪明，说道："你的邻居之所以快乐是因为他安于清贫，你若想要他不快乐也容易。"

富翁问："怎么做？"

仆人说："只要你拿出10万块钱给他，他从此就不会拉出这么欢乐的琴声了。"富翁有点不相信：世上哪有人有了钱反而不快乐的，不过10万块钱对我来说也不过是九牛一毛而已，就试试吧。

当天晚上，富翁与仆人一起把10万块钱送给了穷邻居，还特别强调这笔钱随便他怎么花，并给他留下了字据。

穷邻居意外得到这一大笔钱，欣喜若狂。

他简直不敢相信这是真的。虽然知道自己的邻居很有钱，但他们平时并没有什么往来，为什么邻居要送给自己这么多钱呢？但从富翁的态度和仆人的表情来看，不像是在开玩笑，何况他们还留下了字据。莫非那些钱是假的？穷邻居仔细验了验钞票，全是真的，他百思不得其解。

这穷邻居一夜未睡，琢磨着钱该放在什么地方？存银行？利息太低不划算。拿去投资？没经验，亏了很可惜。要不就先买新房子，买家具？这也不太好，全买了，手上又没钱了。他整晚想来想去想不出一个好办法。

第二天，穷邻居哪儿也没去，怕钱被人偷了。第三天，他想应该去买些好酒、好肉、好吃的东西尽情享受一番。于是，他去了一家大商店，挑选了不少值钱的东西，但其间一个店员一直注视着他，好像防贼似的。因为平时他只能在商场里逛逛，挑些便宜的东西买，更多的时候则是什么也不买。

店员怀疑的目光令原本愉快的购物变得很不舒服，他匆匆付款走了。回到家中，他心中仍有余气。从此之后，富翁再也没有听见过自己的穷邻居拉出欢乐的琴声。

哲思 很多时候，快乐不一定是建立在金钱的基础上的：一个眼神、一声问候就足够了。穷人渴望变得富有，却常常忘了问自己，富有是否真的是自己所必需的。当然，并非每个穷人都会像那个富翁的穷邻居一样不会享受意外之财，也许有的人在同样的情况下会更快乐，但他们所拥有的，也恰恰是欢乐的心态。

赵襄王驾车

欲速则不达

战国时期,赵国的国君赵襄王是一个很好学,同时也很争强好胜的人。有一阵,赵襄王迷上了驾车,于是就向一个叫王子期的人学习驾车的技巧。几个月后,赵襄王觉得自己已经得了王子期的真传,于是就打算跟王子期比赛,看谁的马车跑得快。

可是,赵襄王一连换了三次马,比赛三场,每次都被自己的老师王子期远远地甩在身后。赵襄王这下可不高兴了,他责问王子期:"既然我拜您为老师,您也答应教我驾车,为什么不将真本领完全教给我呢?你难道还想留一手吗?"

王子期回答说:"驾车的方法和技巧,我已经一点不落的全都教给大王您了,您之所以会输给我,恰恰是因为您太想赢了,结果在驾车的时候有些舍本逐末,忘却了要领。一般说来,驾车时最重要的是使马在车辕里松紧适度,自在舒适;而驾车人的注意力则要集中在马的身上,沉住气,驾好车,让人与马的动作配合协调,这样才可以使车跑得快、跑得远。可是刚才您在与我赛车的时候,只要是稍有落后,你的心里就着急,使劲鞭打奔马,拼命要超过我;而一旦跑到了我的前面,又时常回头观望,生怕我再赶上您。总之,您是不顾马的死活,总是要跑到我的前面才放心。其实,在远距离的比赛中,有时在前,有时落后,都是很正常的;而您呢,不论领先还是落后,始终心情十分紧张,您的注意力几乎全都集中在比赛的胜负上了,您把心思都放在如何战胜我上面了,又哪里还有多余的精力去调好马、驾好车呢?这才是您三次比赛、三次落后的根本原因啊。"

哲思 王子期的这番话可以说是极诚恳又深刻。在现实中,我们无论做什么事,都要站得高些,看得远些。重要的是从根本上掌握要领,不计功利,努力将眼下的每一件事情做好。如果过于患得患失，为名利所累，往往会像赵襄王驾车那样欲速则不达，最后只能事倍功半。

我的舌头不是还在吗

学学张仪的乐观精神

张仪是战国时代著名的政治家、外交家。一次，张仪来到楚国，楚国的丞相昭阳并没有像别的国家的丞相一样不问青红皂白就把他赶走，而是把他留在楚国，让他出席贵族之间的聚会，施展他的才华。张仪非常重视这次机会，希望能借此混迹于楚国的贵族界。

然而事与愿违，有一天，张仪和昭阳一起喝酒时，昭阳忽然发现自己随身携带的玉璧不见了。宾客们觉得张仪穿得很寒酸，而且家境也很贫寒，就怀疑是他偷了玉璧。于是，张仪被人捆绑起来刑讯逼供。但是张仪很有骨气，不愿意背上这个恶名，不愿为自己没有做过的恶事承担坏名声，于是他咬紧牙关，抵死不认。昭阳见张仪始终不肯承认，又没有证据，只好放了他。

张仪受伤以后跌跌撞撞地回到家，妻子看到他的惨状以后十分心疼，就问了他事情的经过。妻子听完张仪的诉说之后很沮丧，一边细心地为他擦洗伤口，一边伤心地对他说："这都怪你一心读书游说，不然哪能遭遇这些苦楚。现在别人都认为你偷了东西，我们在楚国也待不下去了，现在一文钱也没有，以后可怎么办呢？"

张仪为了安慰妻子，便张开嘴巴问妻子："你看我的舌头还在吗？"

妻子不解地说道："舌头还在啊。"

张仪便笑着说道："只要舌头还在，就足够了。"

后来，张仪果然凭着他的三寸不烂之舌巧施纵横之术，辅助秦国统一了天下，而且他自己也成为了流芳千古的一代名臣。

哲思 我们在生活中常常会遇到这样那样的挫折，或者怀才不遇，或者被人误解，或者被人诬陷，或者被人伤害。我们在遇到事情的时候应该像张仪一样相信：只要本领还在，就会获得最后的成功。我们一定要时刻记得"天生我材必有用"，时刻以乐观的心态去面对人生中的每一件事，只有时刻保持乐观，才能获得最后的成功。很多时候，不能成功的原因只是缺少了一点点乐观的精神。

牧羊人的烦恼

很多事，根本不必太在意

澳大利亚草原上的一位牧羊人总是羡慕别人的羊群比自己的数量多，别人的羊毛质量比自己的好。因此，他每天都"烦、烦、烦"地喊着，并冲家里人发脾气，还不时向上帝祈祷，希望与别人交换命运。

上帝见状，决定帮他实现交换命运的心愿。于是，上帝对他说："你把所有的烦恼都装进口袋里吧，然后去到篱笆墙边，那儿有无数袋烦恼，你喜欢哪一袋，就换哪一袋回来。"

牧羊人向上帝表示过感谢后，便赶快把自己的烦恼装进口袋，背在肩上就出发了。

一路上，牧羊人觉得肩上的口袋越来越沉重，他甚至觉得自己被压弯了腰，再没有力气前进了。但是，他太希望与别人交换命运了，因此他强撑着背着口袋跟跟跄跄地一步一步往前挪。

牧羊人边走边想着自己的一个远房亲戚，他不仅在城里有别墅，还有可爱的儿女，年轻漂亮的妻子，这个亲戚一定没有烦恼。

牧羊人又想到牛奶厂的厂长，他看起来多么的自在逍遥啊，他不用干活，家里雇用了挤奶工、厨师，他的日子过得比任何人都滋润。

牧羊人又想到种花的老人，他过着与世无争、超绝尘世的生活，他的那一份宁静和从容，让自己多么羡慕啊！种花老人的烦恼一定少之又少。

当牧羊人来到篱笆墙边时，上帝让天使将他肩上的口袋卸下来，放进一大堆装着麻烦、苦恼、不满、屈辱、挫折等的口袋中，而这些口袋的主人都是牧羊人所羡慕的那个阶层的人：有农场主、牛奶厂的厂长、远房亲戚、种花的老人……

牧羊人看傻了眼，他喃喃道："上帝啊，感谢您的仁慈，让我有机会从这么多人中挑选交换命运的对象，我太高兴了！"

天使说："你慢慢挑吧。只要你选出一个最喜欢的，就把它带回家，这样你的命运就改变了，你的烦恼就会烟消云散。"

牧羊人听后高兴地开始了他的挑选工作。他花了一整天的时间，选了又选，挑了又挑，在天黑之前才选出了一个重量最轻的口袋。这个口袋的分量实在太轻了，仿佛里面什么都没有装似的。

牧羊人开心极了。他在回家的路上想："口袋里的烦恼这么少，说不定是州长的呢，要么就是最有名气的那个律师的。"

到家后，牧羊人放下口袋，迫不及待地打开一看时，几乎哭了出来。原来，他在堆积如山的口袋里，竟然挑出了他自己的那一袋。在一整天的挑选中，他称了又称、量了又量之后，原来，他的烦恼、苦闷才是最轻和最不给自己造成心理负担的。

从此以后，牧羊人开始能以正确的态度来对待自己生活中的痛苦、忧愁了。这些原本是他极想和别人交换的，但现在，他已经能坦然地面对了。

哲思 在漫长的人生岁月中，总会有一些不愉快，总会有一些不顺利让人烦恼。就像人吃五谷杂粮，总会生病一样，没有人能避开烦恼。烦恼无处不在，无时不有。事实上，对于生活中的烦恼，我们根本不必太在意。许多事情当时觉得很难，过后想想不都是又不那么难了吗？更何况，生活中的烦恼多数是一些鸡毛蒜皮的事。不想听的事，就不要让它进入耳朵；不可避免地进入了，就要想办法不要让它进入大脑；无法阻挡地进入了，就要想方设法不要让它停留在记忆中。要学会忘记，学会清理，学会整治，这样才能抛弃烦恼，大脑才能有更多的空间容纳更多的开心事。

请假出去打工的教授

让乐观心态永驻心间

哈佛大学一个教授曾经向他的学生们说起他保持乐观心态的方法——洗涤心灵。

如何洗涤自己的心灵呢？他告诉他的学生们，他曾有一次向学校请了3个月的假，然后让他的家人和学校的同事、朋友们谁也不要问他到底去了哪里。他要彻底离开自己生活的圈子一段时间，如果有需要的话，他会主动和他们联系的。

他先是去了美国南部的一个农场，在那里，他成了一个农民，白天干农活，晚上就跟工友们一起喝咖啡、聊天，和他们一起分享单纯的快乐。有的时候，在努力地劳动了一天以后能喝到热的咖啡、与工友们聊一些简单的生活琐事和开一些玩笑，他觉得很幸福。但是因为他对于干农活来说是一个"新手"，所以干的活不如别人好。虽然大家都帮助他，教他怎样干活，但是他干活的质量和其他人相比还是有一些差距，所以他经常因此而受到农场主的责骂，在那里，谁也不知道他是世界上最有名的大学的教授。后来，他慢慢适应了农场里的工作节奏，习惯了农场里的生活。

离开了农场之后，教授在一家饭店当上了刷碗工。因为他没有经验，所以刷盘子刷得很慢，跟不上饭店里的节奏，满足不了老板和厨师们的要求，因此常常挨骂。而当他很着急，想要赶上大家节奏的时候，又常常会因为匆忙而打碎一些盘子，这样他不仅要受到老板的责骂，而且得从自己不多的工钱里面扣除一部分来赔偿打碎的盘子。然而幸运的是，他的工友们都很热情，对他很好，白天工作的时候常常帮助他，晚上和他一起出去玩、一起聊天，他很快又交到了一些朋友，而且大家都是真诚的人。不久，他和工友们混熟了，刷盘子也刷得顺手了，很少再打破盘子，刷盘子的速度大大增加，老板也对他越来越信任，经常会让他在前厅人不够的时候帮忙端端菜，而教授本人也很享受这样的生活，他慢慢适应了这个新圈子。

就这样，时间飞快地流逝着，3个月的假期一转眼就到了。于是，教授辞掉饭店里面刷盘子的工作，重返校园。这个时候，他的心态已经调整得相当好了。他觉得自己清理完了心里埋藏多年的垃圾，洗涤了心灵，对生活也有了一些全新的认识。教授说："当你不够乐观，不够积极的时候，你需要换位思考。我在农场和饭店里面工作，体验了两段不同的人生之后，我很珍惜现在的生活，我觉得现在的生活真的很不错，工作起来也更有激情了。"

哲思 人的确常常需要洗涤心灵，清理一下心里的垃圾，这样才能保持乐观的心态。佛语云："身是菩提树，心如明镜台，时时勤拂拭，莫使惹尘埃。"但是当一个人彻底融入了一个环境之后，这个环境当中所发生的每件事都会打破人们心中固有的宁静，到了这个时候，暂时摆脱原来的生活，换个新的环境来体验一下确实是个洗涤心灵的好办法。换一种环境、换一个心情，才能使自己明白自己原有的生活是多么的美好，从而产生出珍惜生活的乐观心态来。

齐桓公遇鬼

没事不要自己吓自己

有一次，春秋五霸之一的齐桓公在沼泽地里打猎，由齐相管仲亲自为其驾车。突然间，齐桓公看见了一个鬼，他吓得大叫一声，赶紧握着管仲的手，惊魂未定地问："仲父你看到什么了吗？"管仲如实相告："我什么也没有看到。"虽然管仲说他什么都没看到，但齐桓公这一下吓得着实不轻，回去以后就病倒了，连续几天卧床不起。

对于齐桓公的病,文武百官都很担心。这时,有个名叫皇子告敖的读书人,主动求见桓公,自称有能力治好桓公的病。见到齐桓公后,皇子告敖对他说:"您知道自己为什么生病吗?鬼是伤害不了您的,是您自己伤害了自己啊!一个人的体内如果产生了怒气并且郁结起来,那么他的魂魄就会游离于体外而使人精神恍惚;怒气上升而不下降,人就会爱发脾气;怒气下降而不上升,人就会发生健忘;而如果这股怒气不上不下,恰好郁结在身体的正中,它就会伤害心脏,这时人就要生病了。"齐桓公听后,不禁半信半疑地问道:"那么,到底世间有没有鬼呢?"皇子告敖肯定地回答:"有的!室内有鬼名叫履,灶房有鬼叫做髻。院子里的粪土堆上,有个叫雷霆的鬼住在那里;在东北方的墙脚下,时常有倍阿鲑蠪一类的鬼出没其间;在西北方的墙脚下,则有泆阳鬼安家;水中的鬼叫罔象,丘陵的鬼叫峷,山上的鬼叫夔,原野上的鬼叫彷徨,而您在沼泽里遇见的鬼,应该是委蛇。"齐桓公赶紧追问:"那委蛇是怎样的形状呢?"皇子告敖形容说:"委蛇嘛,像车毂那么大,像车辕那么长,穿着紫衣裳,戴着红帽子。委蛇特别不喜欢战车的声音,这种声音会让他们感到不安,他们一听到这种声音就会抱头而立。而且,如果谁能够见到委蛇,那就是将要成为霸主的一种先兆!"

齐桓公听了这一席话,顿时笑逐颜开。他兴奋地说:"我所见到的正是你说的这种委蛇呀!看来我真的有成为霸主的潜质呢!"于是,他赶紧重整衣冠,与皇子告敖对坐交谈。还不到一天的时间,齐桓公的病竟然不药而愈了。

哲思 俗话说:"疑心生暗鬼。"我们在生活中所遇到的那些困难,很多都是我们自己想象出来的,是我们自己给自己设置的障碍,我们实际上就像齐桓公一样在自己吓自己,自己伤害自己。事实上,只要心胸豁达,态度端正坦然,我们就会发现,那些所谓的困难根本没什么了不起的,根本就给我们造成不了麻烦。

两马克

用豁达的态度来面对不幸

从前,有一个画家叫尤利乌斯。他是一个非常乐观快乐的人,他总是画快乐的画,把他的乐观心情和豁达的生活态度表现在画中。然而遗憾的是,这个世界上总是有很多人生活在悲苦之中,这些人根本欣赏不了他的画,因此,他画的画销路很不好。但是,豁达是尤利乌斯的天性,他却从不为此感到沮丧,总能适当地调整好自己的心态,活得很快乐。

一天,有一个朋友建议他买彩票,朋友对他说:"你为什么不买彩票呢?只要两马克就有可能得到很多钱,如果你中了奖,你就可以再也不用为生计发愁了,做任何你想做的……"尽管尤利乌斯对此不以为然,但他还是接受了这位朋友的建议,用两马克去买了一张彩票,因为他不想辜负朋友的好意,他想让朋友高兴。幸运的是——他中大奖了。这位朋友很羡慕他的好运气,开心地去恭喜他,并为他高兴。尤利乌斯用那一大笔奖金买了一栋大房子,并在房子里面放上一切他喜欢的东西——富丽堂皇的波斯地毯、精致美丽的壁毯、高雅的中国瓷器、典雅的佛罗伦萨家具、美轮美奂的威尼斯水晶灯……他把一切他以前向往和喜欢的东西都买了下来,把自己的新家装饰得像皇宫一样。

然而有一天,尤利乌斯在出门前把烟头往地上随手一扔——和他以前住在没有波斯地毯的小屋时一样。然而,烟头点着了波斯地毯,尤利乌斯的新家发生了火灾,等他回来的时候,整座房子已经成化为一片灰烬了。尤利乌斯的房子已经没有了,里面漂亮的波斯地毯、精致的壁毯、中国的瓷器、佛罗伦萨的家具、威尼斯的水晶灯等等全都没有了。他的朋友知道这个消息以后来安慰他,让他不要太过伤心。他却反问自己的朋友:"我为什么要伤心?""你的家没有了啊,你心爱的波斯地毯、中国瓷器都没有了啊!"他的朋友遗憾地说道。他却笑着说:"没什么可伤心的,我只不过是损失了两马克罢了。"

哲思 当我们和故事中的尤利乌斯遇到同样的事时,我们会怎么想?是像他的朋友一样怨天尤人、悲观痛苦,还是像尤利乌斯一样乐观向上?恐怕绝大多数人都不具备尤利乌斯这样豁达的心胸吧。事实上,乐观是一种生活态度,它能帮助我们快乐每一天。发生同样的事时,乐观者会快乐,悲观者会困苦。而这个世界上没有绝对的幸与不幸,幸福都是相对的,只是看你有没有乐观的态度罢了。

真心笑容

用轻松的心情笑对人生

有一个家财万贯的富翁患了绝症就快死了,死神来接他走,他问死神:"我死后,会上天堂还是会下地狱?"

死神跟他说:"你会下地狱。"

富翁很不服气地说:"我的钱都是合法赚来的,而且我还为慈善事业贡献了很多,帮助了不少需要帮助的人,我凭什么下地狱呢?我不服气!"

"你不服气吗?那好,我给你一周的时间,在这一周之内,你将拥有健康,如果你可以收集到三个真心的笑容,我就让你上天堂。"

富翁很得意,他心想,不就是三个笑容吗?那还不简单?我那么有钱,一个小时就能搞定!

死神走后,富翁想了一下,要得到真心笑容,大概从自己结发四十年的老婆开始,会比较容易一点吧。

于是,富翁就花了很多钱买了一条钻石项链,送给他老婆,这是他老婆很久以前就想要的。

老婆见到钻石项链很惊喜,也笑得很开心,但是死神却告诉富翁,这根本就不是真心笑容!

富翁感到很奇怪,于是他花了更多的钱,送了老婆房子、车子、钻戒,所有女人想要的东西他都送了一遍,奇怪的是,他老婆虽然高兴,却都不符合真心笑容的条件。

就这样过了三天,富翁越来越慌张,因为时间只有七天,他却连自己老婆的一个真心笑容都得不到。

直到第四天早上,富翁起得很早,他想到自己快要死了,也没什么东西给老婆,烦恼中他不自觉地走到厨房,洗菜淘米,开始做早餐。

他老婆起床,看到富翁在做早餐,大吃一惊,因为他们明明有很多佣人,富翁已经很久没自己做过早餐了。

富翁把早餐端上桌,老婆吃了一口,突然眼眶泛红,然后笑着说:"亲爱的,你还记得我们刚开始创业的时候吗?那时候我们没有钱。你每天都会自己做早餐,我们俩每天都可以这样坐在一起简简单单地吃一顿早餐。"

这时候,富翁突然发现,老婆的笑容好美,美得让人心动。富翁突然明白,这几年来他从来没有好好陪过他的妻子,都忘记她真正开心的模样了。就这样,富翁得到了第一个真心笑容。

接着富翁回到公司,他决定要把第二个真心笑容,交付给他一个非常信任的部属。于是,富翁把部属叫了过来,对他说:"我决定要升你的官,让你当副总裁,然后给你股票和奖金!"

部属非常惊喜,脸上堆笑,对富翁连连感谢,可是,就连富翁自己都看出部属的笑容并不是真心的笑容。

富翁后来又开了很多优厚的条件,给了更多的奖金和股票,可是部属虽然高兴,却还是没有流露出富翁想要的真心笑容。

时间又过了三天,直到第七天的早上,富翁把部属叫了过来,递给部属一张休假单还有五张机票。

"你为我卖命这么久,我才发现没有让你好好的放假陪家人。我给你一个月的长假,这是五张机票,带你的老婆和孩子一起去玩吧!"

部属先是吃惊,然后脸上严肃的表情慢慢变了,变得柔和而温暖,一个笑容在他的脸上绽放开,那是很轻松很轻松的笑,浅浅的微笑,但是让人一看就觉得很舒服。

"是啊,我真的好久好久没有跟孩子一起去玩了,他们都快认不得我这个老爸了!"

富翁松了一口气,原来这才是部属真心想要的,这是第二个真心笑容。可是,时间却已经剩下不到一天了。富翁想了想,觉得时间已经来不及了,无论是老婆或是部属,都花去他太多时间了,看样子,他注定要下地狱了。

想到要下地狱,富翁有点难过,他决定脱下西装到外头走走,对于一年365天,天天忙个不停的富翁来说,要想有这样一个人四处闲逛的机会,几乎是不可能的!平常他出门一定是坐高级的奔驰车,身边一堆保镖,手边总是有着处理不完的公文,真的没什么机会一个人在街头慢慢走。富翁心想,反正再过几个小时,他就要被死神抓去地狱了,再挣扎又有什么用呢?还是好好享受一下这片刻的安宁吧。

走着走着,富翁突然看到了一个迷路的小女孩蹲在路边哭,而周围的路人却没有人愿意伸出援手帮助她。富翁想,反正我也没多少时间好活了,那我就做自己这辈子的最后一件好事,帮帮这个小女孩吧。

于是,富翁把小女孩带到派出所,做了记录,等小女孩的父母亲来接她。在等待的这段时间里,富翁一直看着时间,他心里是有点焦急的,因为离死神来接他的时间越来越近了,而他却只能枯坐在派出所。

后来富翁就一直陪着小女孩,直到小女孩的父母终于赶来,三个人哭了起来,抱成一团。

富翁看着这一幕,突然感到一阵打从心里升起的温暖,啊!原来单纯地帮助别人,是这么美好的一件事啊!他的脸上不禁浮现出了一个迷人的微笑。

然后,他看到了死神的出现。富翁叹了一口气,知道自己要被抓去地狱了。他伸出双手,准备让死神铐上手铐。

可是,死神却意外地摇了摇头:"你不用跟我去地狱了,天堂在等着你。"

富翁睁大眼睛,他不懂。

"第三个真心笑容,"死神拿出了一面镜子,放在富翁的面前,"看看你自己吧。"

富翁看着镜子中的自己,原来自己也可以笑得如此灿烂,一双在商海沉浮中残酷的眼睛现在就像小孩般清澈。

"原来,第三个真心笑容是我自己……"说着说着,真心的笑容就这样定格在了富翁的脸上。他到天堂去了。

哲思 尽量让自己放松一些吧!学会以轻松愉快的心情笑对人生,努力去满足别人的需求,我们就会发现,自己已经获得了真正的幸福。

第 7 课

快乐来自宽容，无欲则刚是真理

人如何才能快乐？一个人所拥有的和他想得到的之间的差距越小，这个人就越快乐。世界上最大的痛苦就是求而不得，求而不得就是人的欲望无限制地膨胀的结果。我们虽然不能消灭欲望，却可以控制自己的欲望，只要不让私欲膨胀，我们就是快乐的。记住，无欲则刚才是快乐的真谛。

不肯走路的骡子

转移自己的不快

骡子是马和驴子杂交的产物,它们既继承了马的体力,同样也继承了驴子的脾气。一头骡子若是闹了性子,它的四只脚便会像上了钉子一样,固定在地面,一动也不动,无论主人怎样的使劲鞭打,骡子还是坚持它固执的脾气,一步也不肯向前走。

这天,一对云游四海的和尚师徒的骡子闹脾气了,任凭小和尚怎么拉,骡子就是不肯走,气得小和尚直想拿鞭子抽它。老和尚制止了自己的徒弟,说:"慢,每当骡子闹脾气时,有经验的主人,不会拿鞭子打它,那样只会让情况更加严重。"小和尚忙问:"那该怎么办呢?"老和尚说:"你可以运用智能,很快地从地上抓起一把泥土,塞进骡子的嘴巴里。"小和尚好奇地问:"骡子吃了泥土,就会乖乖地继续往前走了?"老和尚摇头道:"不是这样的,骡子会很快地把满嘴的泥沙吐个干净。然后,在主人的驱赶下,才会往前走。"小和尚诧异地说:"怎么会这样?"老和尚微笑着解释道:"道理很简单,骡子忙着吐出嘴里的泥土,便会忘了自己刚刚生气的原因。这种塞泥土的做法,只不过是转移它的注意力罢了!我跟你说,这个办法对付人和对付骡子都很有效,甚至可以对付你自己呢!"

哲思 我们生气是因为自己将自己的注意力集中在了错误的事情上,这样一来,我们往往就会像骡子一般发脾气。要控制自己的怒火其实很简单,我们当然不用往自己的嘴里塞泥巴,只需要转移自己的注意力就可以了。

一代名臣娄师德

宽以待人，贤士品格

在唐朝，武则天当政时期，政治斗争很复杂，朝野官吏明哲保身者多，敢于负责、提出自己政见者少，能够刚正不阿、不为私谋者更少。其中有两个人在这里不得不提：一个是武则天的宰相娄师德，他以"仁厚宽恕、恭勤不怠"闻名于世，司马光在《资治通鉴》里评价他说："宽厚清慎，犯而不校。"阁侍郎李昭德骂他是乡巴佬，他笑着说："我不当乡巴佬，谁当乡巴佬呢？"这位行动迟缓，满面笑容，自号为种田汉的宰相娄师德，和李昭德肩并肩往朝庭走去，仿佛什么事也没有发生过。面对他人的嘲笑，娄师德不但没有一点恼怒，反倒一笑而过，这样的胸怀怎能不使人敬佩呢？

武则天时期的另一名臣是大名鼎鼎的狄仁杰，他和娄师德同时担任宰相。但狄仁杰总是想办法排挤娄师德，两人面和心不和。多年来，狄仁杰一直在想办法排斥娄师德，甚至想把他赶出京城，让自己一个人做宰相。狄仁杰处处和娄师德作对，娄师德也不计较。

长此以往，武则天对此亦有所察觉，有一天逮住散朝的机会，武则天突然问狄仁杰："我信任并提拔你，你知道其中的原因吗？"

"我不与那些平庸之辈苟同，凭文才和品德受朝廷任用，也不是靠别人来成就自己的事业，朝廷自然是因为看重这些才重用我的。"狄仁杰极为自信地回答道。

听了之后，武则天沉默了一会儿，顿了一顿，然后对狄仁杰说道："其实，我原来并不了解你的情况，是娄师德的不断推荐，所以你才会有今天，才会得到朝廷的厚遇，首先你得感谢他啊。"随后，武则天命令太监取出一个竹箱，找出十来件关于娄师德推荐狄仁杰的奏本递给了狄仁杰。

狄仁杰仔细地看完奏本，不由得满脸惭愧。多年来，自己一直在想办法排斥娄师德，甚至想把他赶出京城，没想到他不计前嫌，一再地在皇上面前举荐自己。想到这里，狄仁杰羞愧难当，连忙跪在地上，惶恐地向武则天承认自己有罪。武则天并没有责备他，而是原谅了他。此后，狄仁杰抛弃了对娄师德的成见，二人共同辅佐武则天，将朝政治理得井井有条。他们成了武则天的左膀右臂，深受重用。

娄师德面对狄仁杰的刁难、面对狄仁杰轻蔑的目光和嘲笑的口吻，非但不睚眦必报，而且还大加举荐，不能不说娄师德的气量实在太大了。

哲思 "处世让一步为高，退步即进步的根本；待人宽一分是福，利人实是利己的根基。"人的一生中，总会遇到一些污蔑、嘲笑，但是很多人却很在意地去为自己申辩，结果也往往无济于事。其实想想：人生无非是笑笑别人，或被别人笑笑，嘲笑也好，戏弄也罢，也许并非有什么恶意。如果我们深受影响，无法自拔的话，只会自取烦恼、自取其辱而已。从容地应对他人的嘲笑，是一个豁达者的必备素质。越是睿智的人，越是胸怀宽广，大度能容。因为他能够洞明世事、练达人情，能够看得深、想得开、放得下。在这一点上，我们不妨学学一代名臣——娄师德。

贫困的两兄弟

控制自己的欲望，知足者常乐

从前，有一对贫困的兄弟住在父母留下的一间茅草屋里，他俩没有别的本事，只能靠烧炭、卖炭为生。每天晚上，哥哥负责在家烧炭，每天早上，弟弟负责去城里把哥哥烧的炭卖掉。虽然两兄弟每日辛勤地劳动，但是能够解决的，也只不过是自己的温饱而已。

哥哥每天砍柴、烧炭，虽然做的事简单又枯燥的工作，但他很快乐、很满足，因为他砍柴时，周围常有鸟儿鸣叫，哥哥觉得自己在享受世界上最美妙的音乐；在烧炭时，虽然常常是满身烟灰，但通过窑洞窜出的红红火苗，他仿佛看到了以后红红火火的日子。因此,哥哥总是快乐的,虽然经常是满脸灰尘,但掩盖不住他憨厚的笑容;虽然他的嘴唇常在高温的炙烤下而干裂,但他吹出的口哨声却永远也听不出一丝的忧愁,里面满是欢乐和满足。

弟弟呢,虽然他每天都会去城里见世面,不用做哥哥那样简单枯燥的工作,但他从心底里厌倦了这样的生活,他认为自己从事的是最卑贱的劳动,特别是每次挑着木炭到镇上去叫卖时,这种感觉更加强烈。因此,他整天都是愁眉苦脸的,哀叹着老天爷对自己的不公,憎恨自己没有出生在富贵人家之中。

原来,弟弟每次到镇上时,看到酒馆里到处都是大碗吃肉、大碗喝酒、穿着华丽的公子哥儿,而自己呢,不但衣衫褴褛,还是一个浑身黑糊糊的卖炭郎。更为要命的是,他喜欢上知县家的千金小姐。那一次,他正守着自己的牛车在集市上卖炭,忽然间,集市上过来了一伙人,两个家丁在前面开道,接着是一乘两人小轿,轿子后面还跟着两个丫鬟。凑巧的是,刚好一阵风吹过,掀起了轿帘的一角,他看到里面坐着一位如花似玉的女子。弟弟怦然心动,他觉得只要能娶到这位女子,便是他一生莫大的福分。虽然事后他从别人那里打听到这位女子是知县家的千金小姐,但弟弟已经不可救药地陷进去了,他一天到晚脑子里想的都是这位小姐,甚至认为只有知县家的千金小姐才配得上自己。

于是,在一次卖完木炭后,他竟然真的去了知县的府上,但得到的除了一顿棍棒的暴打之外,他也知道了知县的千金小姐已有了婆家,并且婚期就在下个月的初八。从那以后,弟弟再也没心情卖炭了。他整天哀声叹气,要么是胡思乱想着自己已娶到了那位千金小姐;要么就是借酒浇愁,喝醉了之后,骂天骂地骂爹娘,骂上天对自己不公平。

后来,快乐的哥哥感动了山神,山神把自己美丽、善良的女儿嫁给了哥哥。从此,哥哥过上了幸福美满的生活。而弟弟呢,直到头发白了时,还是孤身一人。

哲思 人的欲望是永无止境的,正如寓言中的弟弟一样,如果一个人的愿望不切实际,你再怎么追求,也终究无法实现。当我们对某一事情抱着深切的愿望,在几经努力却最终无法实现时,便开始抱怨命运的不公平,便开始哀叹自己的不幸,却不愿意静下心来,花一点时间来想想,也许自己所谓的不幸,并不是上天所赐,而是自己的欲望太过不切实际,是自己给自己增添的烦恼。而生活中那些常常能感受到幸福的人,则恰恰是一些拥有合理的欲望,懂得知足常乐的人。

金 砂
被贪婪毁掉的幸福生活

一股细细的山泉,沿着窄窄的石缝,"叮咚叮咚"地往下流淌,也不知过了多少年,竟然在岩石上冲刷出一个鸡蛋大小的浅坑。让人感到奇怪的是,山泉不知从哪儿冲来了黄澄澄的金砂,渐渐地填满了小坑……

有一天,一位砍柴的老汉偶然发现了这个秘密,惊喜之下,他小心翼翼地捧走石坑中的金砂。

后来,砍柴老汉渐渐发现,每隔十天半个月,石坑就会被沉积的金砂填满,因此老汉每过十天半月就偷偷来取一次金砂,老汉一家的日子也渐渐富裕了起来。

终于,老汉的儿子发现了爹的秘密,他建议:拓宽石缝,扩大山泉,这样一来不是每三五天就可以收获一次金砂了吗?

老汉想了想,觉得有理,于是父子俩把窄窄的石缝凿宽了,山泉比原来大了几倍,谁知金砂不但没增多,反而从此消失得无影无踪。父子俩百思不得其解:金砂到哪里去了呢?

哲思 石坑中的金砂是山泉水沉积的结果,而一旦将泉水拓宽,水流加速,金砂当然也就没办法再沉积在那个石坑中了,正是这父子两人的贪欲,毁掉了他们原本可以越来越好的幸福生活。生活往往就是这样,我们越孜孜以求,就越求而不得,反倒是那些懂得无欲则刚的人,才过上了越来越幸福的生活。

一对法国老夫妻

抛开忧愁，过轻松快乐的生活

安徒生通话中有这样一个故事：

在法国的乡下，住着一对老夫妇，他们老来无子，日子过得很清贫。有一天，他们想把家中唯一值点钱的一匹马拉到市场上去换点更有用的东西，因为他们再也干不动力气活了，要马也没有用。

于是，老头子牵着马去赶集了。老头子先与人换得一头母牛，又用母牛去换了一只羊，再用羊换来一只肥鹅，又把鹅换了母鸡，最后用母鸡换了别人的一大袋烂苹果。老头子为什么要这么换呢？因为在每次交换的时候，他都想要拿换来的东西给自己的老伴一个惊喜。

当老头子扛着那一大袋子烂苹果来到一家小酒店歇息时，遇上两个英国人。闲聊中老头子谈了自己赶集的经过。

两个英国人听后，哈哈大笑，说："你可真是个傻老头，你老糊涂了吧！你这么换，回去以后准得挨老婆子一顿揍。"

老头子坚称绝对不会，英国人就用一袋金币打赌。于是，两个英国人跟着老头子一起回到了家中。老太婆见老头子回来了，非常高兴，她兴奋地听着老头子讲赶集的经过。每听老头子讲到用一种东西换了另一种东西时，她都充满了对老头子的钦佩。

她嘴里不时地说着："哦，我们有牛奶喝了！"

"羊奶也不错。"

"哦，鹅毛真漂亮呀！"

"啊，这回我们有鸡蛋吃了！我早就想吃鸡蛋了！"

最后，听到老头子背回一袋已经开始腐烂的苹果时，老婆子同样没有发怒，而是亲了老头子一下，大声说："我们今晚就可以吃到香甜的苹果馅饼了！"

结果，这两个瞠目结舌的英国人输掉了整整一袋金币。

哲思 一位哲人曾说："聪明的人永远不会坐在那里为他们的损失而悲伤，却会很高兴地找出办法弥补他们的创伤。"我们在生活中也会经常失去某种东西，这时如果能像童话中的老太婆那样用豁达的心情去看待，那么，生活中的烦恼就会少之又少。安徒生之所以写下这篇童话，就是为了告诫世人：不要为失去的一匹马而惋惜或埋怨生活。既然有一袋烂苹果，就做一些苹果馅饼好了，这样生活才能妙趣横生、和美幸福。如果一味惋惜、抱怨，既换不回失去的东西，又伤自己的身心。因此，乐于接受已经发生的事，是一种生活的智慧。

富翁的愿望

体味生活的乐趣

有一位富翁，他具有非凡的商业智慧，但是天妒英才，他还没到40岁，就患了绝症，眼看就要死去了。临终前，富翁望见窗外的广场上有一群孩子在捉蜻蜓，于是就对他还不到10岁的4个儿子说，你们到那儿去给我捉几只蜻蜓来吧，我许多年没见过蜻蜓了。

不一会儿，大儿子就带了一只蜻蜓回来。富商问，怎么这么快就捉了一只？大儿子说，我知道您急着要，于是就做了一桩亏本买卖，用你送给我的遥控赛车换了一只蜻蜓回来。富翁点点头。

又过了一会儿，二儿子也回来了，他带来两只蜻蜓。富翁问，你怎么这么快就捉了两只蜻蜓回来？二儿子说，我把你送给我的遥控赛车卖给了广场上的一个小孩，他给我3分钱，这两只是我用2分钱向另一位有蜻蜓的小朋友买来的。他就只有两只蜻蜓，我还剩下一分钱呢！富翁微笑着点点头。

不久老三也回来了，他带来10只蜻蜓。富翁问，你怎么捉那么多的蜻蜓？三儿子说，我把你送给我的遥控赛车在广场上举起来，问，谁愿玩赛车，愿玩的只需交一只蜻蜓就可以了。爸，要不是怕你着急，他们捉到的那20多只蜻蜓就全是你的了！富翁拍了拍三儿子的头。

最后回来的是还不到 6 岁的老四。他满头大汗，两手空空，衣服沾满了尘土。富翁问，孩子，你怎么搞的？小儿子说，我捉了半天，也没捉到一只，就在地上玩赛车，要不是见哥哥们都回来了，说不定我的赛车能撞上一只蜻蜓呢！富翁笑了，笑得满眼是泪，他摸着小儿子挂满汗珠的脸蛋，把他搂在了怀里。

第二天，富翁死了，他的孩子们在床头发现一张小纸条，上面写着：孩子，我并不需要蜻蜓，我需要的是你们捉蜻蜓的乐趣，我这辈子拼命工作，赚了很多钱，可以买无数的东西，但最令我遗憾的，就是临到死了，也没过过几天快乐的日子啊！

哲思 钱当然可以买到蜻蜓，但买不到的是捉蜻蜓的乐趣。生命的乐趣在于结果还是在于过程？恐怕每个人都有自己的答案。想想那个拼命赚钱却没福气花钱的富翁吧，他的话或许可以改变我们对生活的看法。

快乐的根

快乐，从心开始

终南山麓，水清草美。据说这一带出产一种快乐藤，凡是得到这种藤的人，一定喜形于色，笑逐颜开，不知道烦恼为何物。

曾经有一个人，为了得到不尽的快乐，不惜跋山涉水，去找这种藤。他历尽千辛万苦，终于在险峻的山崖上，找到了快乐藤。可是他虽然得到这种藤，却发现他并没有得到预想中的快乐，反而感到一种空虚和失落。

这天晚上，他在山上一位老人的屋中借宿，面对皎洁的月光，他发出了一声长长的叹息。

老人闻声而至，问他："年轻人，什么事让你如此忧愁？"

于是，他说出了心中的疑问：为什么已经得到快乐藤的自己，却没有得到快乐呢？

老人一听就乐了，说："其实，快乐藤并非终南山的特产，每个人心中都有一根快乐藤呢！快乐藤之所以能让人感觉快乐，是因为它长着快乐根，只要你有快乐的根，无论走到天涯海角，都能够得到快乐。"

这个年轻人好像从老人的话中悟到了什么，于是追问道："什么是快乐的根呢？"

老人意味深长地说："心就是快乐的根。"

哲思 一个人快乐与否，不在于他拥有什么，而在于他怎样看待自己所拥有的。快乐是一种积极的生活态度，谁都无法让我们无忧无虑地生活，唯有苦中作乐才能战胜忧愁，享受快乐，而快乐的根，恰恰就在我们自己的心里。

农夫的快乐

只有知足，我们才会没有烦恼

从前有一个国王，他的国家非常强大，人民非常富有，他也拥有自己所能想到的一切能让自己感到快乐的东西——财富、权力、地位、美女……即便如此，国王还是感觉不到快乐，他每一天都很郁闷，无论是什么东西也不能让他高兴起来，无论怎么好笑的笑话都不能让他愉悦起来，无论怎样滑稽的表演都不能使他快乐起来。

于是，他给他手下的那些大臣和侍卫们下达了一个任务：找到一个快乐的人，然后把他带进宫来，希望这个人能够用自己的乐观感染国王，让国王也变得快乐。

一群对国王忠心耿耿的大臣和侍卫们四处寻找了很多年，去了无数的地方，不仅在自己的国家里找，也在其他的国家里找，但是却始终没有找到一个快乐的人。他们见过很多富裕的人，见过很多美丽的人，甚至也找过其他国家的国王，但是他们都不快乐，也和他们的国王一样每天都生活在烦恼之中。于是，他们灰心了，他们认为这个世界上根本就没有真正快乐的人，虽然对不起自己的国王,但他们还是准备回王宫复命了。

这天,归心似箭的大臣和侍卫们因为急着赶路所以错过了本来想投宿的那个大城镇,于是,他们只得在一个贫穷的小村落里面落脚。半夜的时候,他们忽然听见了一阵欢快的歌声。那歌声听起来非常的纯粹,非常的欢乐,和他们以前听过的那些歌声都不一样,完全是一个人发自内心的快乐时才能唱出来的歌。

他们寻声而去,发现是一个衣衫褴褛的农夫在唱歌,于是他们问那个农夫:"你快乐吗?"农夫笑呵呵地告诉他们自己很快乐。大臣和侍卫们松了一口气,他们暗自庆幸终于可以完成任务了,于是就把这个农夫带到国王面前。

国王见到这个农夫以后问道:"你快乐吗?"

农夫很恭敬地答道:"我很快乐啊。"

国王又问:"你每天都这么快乐吗?"

农夫笑呵呵地说:"我当然每天都这么快乐啊,没有什么让我不快乐的事。"

国王奇怪地问:"为什么呢?你为什么每天都这么快乐?"

农夫笑着答道:"原来我每天都活在忧愁之中,因为我实在是太穷了,我的衣服都是破的,我甚至没有鞋子穿。但是有一天,我忽然遇到了一个没有双脚的人,我就忽然觉得,虽然我没有鞋,但是我还有双脚,对比他来说,我已经很幸运了,所以我每一天都很快乐。"

听了农夫的话,国王若有所悟。

哲思 国王虽然拥有很多让人羡慕的东西,但是他不快乐,农夫虽然穷得连鞋都买不起,但是他却是快乐的。这是为什么呢?这是因为,一个人是否幸福,与他的心态有关,与他是否拥有财富、地位、权力没有多少关系。国王虽然拥有很多,但是他不满足于现在的生活,没有平和的心态,所以他不幸福,不快乐。农夫虽然拥有很少,但是他很知足,珍惜自己现有的生活,为自己还有健全的双脚而感到幸运。只有知足,我们才会没有烦恼。

把快乐藏在哪

幸福和快乐就藏在我们自己的心里

据说，在很久很久以前，人类是没有任何快乐和幸福可言的。虽然人类一直在寻找快乐，但总是没有结果。为什么会出现这种局面呢？原来，这是上帝在造人时，与天使们商议的结果。

"我除了赐予人类智慧之外，还想给予他们快乐。但是你们知道，快乐比智慧重要得多，这样重要的东西，我不能让他们轻而易举地得到，太容易得到的东西，他们就不会好好珍惜了。可是，我们把人生幸福快乐的秘密藏在什么地方比较好呢？"

"把它藏在高山上，这样人类肯定很难发现，非得付出很多努力不可。"管理天空的天使说。

上帝听了摇摇头。

"把它藏在大海深处，人们一定发现不了。"管理海洋的天使说。

上帝听了还是摇摇头。

"把它埋在土地里吧，这是人类最容易忽略的地方。"负责管理土地的天使说。

上帝还是不满意这个答案。

"我看哪，还是把幸福快乐的秘密藏在人类的心中比较好，我敢断定，绝大多数的人都会向外去寻找自己的幸福快乐，很少有人会想到在自己身上挖掘这幸福快乐的秘密。"管理心灵天使回答说。

上帝对这个答案非常满意。

从此，幸福快乐的秘密就藏在了每个人的心里。

哲思 幸福和快乐就藏在我们自己的心里，只要我们善于挖掘。其实，我们每个人都具备使自己幸福和快乐的本事，比如积极的生活态度、乐善好施的品德、奉献爱心的精神等等。这些特质是每一个人与生俱来的,只是我们不懂得如何去把这些"幸福快乐的资源"加以运用而已。要想培养快乐与平和的心境,我们就必须先拥有快乐的思想和行为,这样才能成为一个快乐的人。

一颗宽容的心

用广阔的心胸来化解世上的忧愁

有一位学生,总是抱怨生活枯燥乏味、人生崎岖百折,于是整天都郁郁寡欢。他的老师看到他这样,感到十分着急。

终于有一天,老师想出一个办法。于是,他把那位学生叫到身边来,让他把一包盐倒入一个小杯子中,然后尝尝它的味道,"感觉怎么样?"老师问道。

"又咸又苦,老师,您为什么突然要我喝这个呢?"学生疑惑不解地问道。

"呵呵,你别急,一会儿你就会明白了。"老师又把学生带到一个清澈的水潭边,将同样的一包盐倒入潭水中,然后让学生再尝尝水的味道,"现在,你感觉味道如何?"

"味道很好,甘冽清甜,完全没有盐的咸苦味儿。"听到这话,老师微笑着望着自己的学生,学生也从中悟出了老师的用意,心中豁然开朗。

哲思 其实这则小故事想要告诉人们的就是一个关于人的心胸的问题。同样分量的盐,倒在不同容量的水里,就会产生不同的效果。人活在世界上,不如意的事十有八九,如果事事较真,那我们岂不活得很累?放下背着的包袱,甩开以往的忧愁,在人生的路上,你会觉得越走越轻松,越走越宽广。只要我们拥有如同大海般广阔的心胸,便不难淡化这世间的烦恼与苦闷。

什么是气

别用他人的过错来惩罚自己

古时有一个妇人，特别喜欢为一些琐碎的小事生气。她也知道自己这样不好，便去求一位高僧为自己指点迷津，让这位高僧告诉自己生活的真谛。

高僧听了她的讲述，一言不发地把她领到一座禅房中，转身出门，将妇人锁在了禅房里。不管妇人怎么敲，高僧就是不肯开门，于是妇人气得跳脚大骂。可是无论她怎么骂，高僧只是坐在门口念经。无奈之下，妇人又开始哀求，高僧仍置若罔闻。

后来，妇人终于沉默了。高僧便站起来问她："你还生气吗？"

妇人说："我不敢埋怨大师，只为我自己生气，我怎么会傻到来这种地方受这份罪。"

高僧一声断喝："连自己都不原谅的人怎么能心如止水？"说罢，高僧拂袖而去。

过了一会儿，高僧又问她："还生气吗？"

"不生气了。"妇人说。

"为什么？"

"气也没有办法呀。"妇人垂头丧气地说。

"你的气并未消逝，还压在心里，爆发时将会更加剧烈。"高僧又离开了。

高僧第三次来到门前，妇人告诉他："我不生气了，因为不值得气。"

"还知道值不值得，可见心中还在考量，还是有气根。"高僧笑道。

当高僧的身影迎着夕阳立在门外时，妇人问高僧："大师，什么是气？"高僧将手中的茶水倾洒于地。妇人视之良久，顿悟。叩谢而去。

哲思 何苦要气？气是用别人的过错来惩罚自己的蠢行。夕阳如金，皓月如银，人生数十载一晃而过，我们享受生活的幸福和快乐尚且来不及，哪里还有时间去气呢？

我想要一条鱼

只有能都得到的东西，才有价值

在很久以前的欧洲，有一个皇帝联合了两国人和自己境内的农民们一起进攻别国。大家凯旋归来之后，皇帝下令，每一个在战斗中立过大功的人，都可以向自己提一个要求。

皇帝坐在宝座上，威严地对凯旋的英雄们说道："勇士们，我将奖赏你们，说出你们的愿望来，我会满足你们的。"

英雄们都非常开心，这时，其中一个国家的人战战兢兢地说出了自己的愿望："把某某国还给我们吧，我们想独立。"

皇帝皱眉想了想，虽然他的心里很不情愿，但又无法食言，于是只好硬着头皮说："好吧，我同意了。"该国人都欢呼了起来，大家都非常开心。

另一个国家的人兴高采烈地对皇帝说道："我尊敬的陛下，我想要一座啤酒厂。"皇帝笑着命令道："来人，给他一个啤酒厂！"

然后一个本国的农民怀着激动的心情对皇帝说："尊敬的陛下，请您赐予我一个农场吧。"皇帝和蔼地说道："土地是你的了，我的臣民。"

皇帝为大家的欢呼兴奋不已，这时，他把目光投向了另一个农民。"你想要什么？我的勇士。我听说你在战斗中表现的非常勇敢，我一定要好好的奖赏你！"皇帝问道。

"尊敬的皇帝陛下，我想要一条鱼。"这个农民说道。

突然间，大厅里面只剩下了一片寂静，紧接着，人们爆发出了震耳欲聋的笑声。所有的人都在嘲笑这个农民，好像看到了天底下最大的笑话——也包括皇帝。

笑得上气不接下气的皇帝指示左右："给，给他一条鱼，哈哈哈。"

离开庆功会场以后，勇士们都围住了那个只要了一条鱼的农民，好奇地向他发问。

"你怎么不要金银财宝呢？"

"你为什么要一条鱼啊？"

"你为什么不要别的东西啊？"

"你太傻了！"

"这么好的机会就被你错过了！"

那个农民却笑了笑，说道："我一点儿也不后悔，皇帝给了这人国家、给了那人啤酒厂，还给了你们土地，但是你们觉得皇帝真的能兑现吗？要知道，这样赏赐下去的结果就是皇帝自己变得一无所有。你们要的赏赐太重了，皇帝根本给不了，而我要的这条鱼却一定会到我手里的。"

哲思 常言道："欲壑难填。"人们常常都不会满足，总是想追求一些自己没有的东西，而当自己得到以前想要的东西时，又会想要另外的东西，永远都不会满足。但是，我们在生活中不应该好高骛远，追求一些得不到的东西，而应该脚踏实地，追求一些实实在在的东西。要知道，只有那些能够得到的东西，才有价值。

乡巴佬吃盐巴

贪婪让生活变得苦涩

从前，有一个没见过什么世面的乡巴佬，一生没有看过盐巴，也没吃过盐巴。有一天，他得到了一个去有钱人家做客的机会，他第一次看到人家把盐巴加进饭菜里一起煮，觉得很好奇，就问他们说："为什么要在饭菜里面加这种东西呢？"

"因为加了盐巴，吃起来才会好吃，就像天上的佳肴美味一样呀！"有钱人这样回答他。

乡巴佬听了心里头便想："原来这种白面似的东西这么好吃啊，只要加一点点在饭菜里面，就能让整盆饭菜都变得美味，那要是空口吃的话，那不就是天下第一美味了吗？"

于是他迫不及待地抓了一大把的盐巴，一大口就往嘴里面吞。哎呀！没想到又咸又苦，实在是难以下咽。

乡巴佬气不过去，马上跑去问这位主人："你不是说盐巴很好吃吗？"

主人说道："你怎么这么笨呢，盐巴不是这样吃的，应该要适量使用，才能增加食物的美味。哪有你那样空口吃盐巴的！"

哲思 每个人都希望自己有所得，有所成就，有所收获。什么是最大的收获呢？事实上，很多我们梦寐以求的东西就像是盐巴那样，生活中少不了它，但是，如果贪得无厌，就品尝不到应有的美味。这个世界上，无论任何时候都不能过分贪婪，正所谓"无欲则刚"，不贪得无厌，心境也就自然平静清凉。

心安草的智慧

攀比是烦恼的祸根

古时候有一个国王，他有一个很大的花园，里面种着各种各样的植物。可是有一天，当国王来到花园里散步的时候，他惊奇地发现花园里所有的花草树木都枯萎了，在一夜之间，美丽的花园成了荒园。

国王大怒，命令侍卫把负责管理花园的园丁抓了来。园丁告诉了国王花园里面那些植物的死因：橡树由于没有松树那么高大挺拔，因此轻生厌世死了；松树又因自己不能像葡萄那样能结许多果子，也死了；葡萄哀叹自己终日匍匐在架上，不能直立，不能像桃树那样开出美丽可爱的花朵，于是也死了；牵牛花也病倒了，因为它叹息自己没有紫丁香那样芬芳；其余的植物也都垂头丧气，没精打采，只有最细小的心安草在茂盛地生长。

国王问道："小小的心安草啊，别的植物全都枯萎了，为什么你这小草这么勇敢乐观、毫不沮丧呢?"

心安草回答说:"尊敬的国王,我一点也不灰心失望,因为我知道,如果国王您想要一棵橡树,或者一棵松树、一丛葡萄、一株桃树、一株牵牛花、一棵紫丁香等等,您就会叫园丁把它们种上,而我知道您希望于我的就是要我安心做小小的心安草。我没有烦恼是因为我不会像他们一样互相攀比啊!"

哲思 尺有所长,寸有所短。我们既不能专门以己之长,比人之短;也不应以己之短,比人之长。生活中的许多烦恼都是因为我们盲目地和别人攀比,结果导致自己整天沉浸在痛苦之中,忘了享受自己的幸福生活。如果我们想获得幸福,那很容易实现;如果我们想比别人更幸福,那将很难实现。这也正是现实生活中许多人烦恼和疲惫的根源。

不要金子的穷人

贪欲永无止境

从前,有一个穷人,虽然自己常常挨饿,但却非常敬神,再苦再难他也不会骂老天爷,只会自己默默承受,他每天都要给各路神仙上供,哪怕自己吃不上饭也在所不惜。这个穷人如此敬神是有他自己的道理的,他最大的愿望就是有一天神仙能够显灵,改善一下他的生活,或者给他一个法宝之类的东西。

后来,一个天上的神仙被这个人的赤诚感动了,就下凡来准备帮助这个穷人。神仙显灵现身以后,这个穷人又惊又喜,自己毕生的理想即将要实现了,于是他马上跪倒,对神仙顶礼膜拜。

神仙非常满意这位穷人的做法,于是把地上的一个小土块变成了一块金子送给那个穷人。这些金子可以让穷人买很多需要的东西,穷人可以从此再也不用挨饿了。神仙满以为自己做了一件大好事,穷人一定会对自己感激涕零的。但是他一抬头,却发现那个穷人不仅没有欣喜若狂,甚至连一点儿开心的表情都没有。

穷人的反应出乎了神仙的预料,神仙的心里面觉得有点失败,又有点儿汗颜,既然这个穷人对自己这么恭敬,自己却没能让人家满意,看来,自己应该多给他一点儿东西才是。于是,神仙把一块方砖那么大的石头变成了金子,那个时候金子是很值钱的,只要穷人节省一点,一辈子都可以不愁吃穿了。神仙满以为这一次穷人会欣喜若狂,至少也会高兴得手舞足蹈的,但是神仙又猜错了,那个穷人的表情还是淡淡的,连看都没看那块金子。

神仙大吃一惊,他觉得自己的自尊心受到了打击,于是他一发狠,就把路边的一头石狮子变成了金子送给那个穷人,让那个穷人不仅可以一辈子衣食无忧,而且可以过上富足甚至是有些奢侈的生活了,而且如果那个穷人懂得如何做生意的话,他完全有希望成为一个富可敌国的大富翁了。但是那个穷人也只是稍微吃惊了一下,还是没有表现出神仙所希望的那种欣喜若狂的表情。

神仙终于忍不住了,他问那个穷人:"你有了这么大一块金子还不满足吗?你到底想要什么?"穷人听了那个神仙的话以后先是一愣,然后贪婪地说道:"我想要你那个可以点石成金的手指!"

神仙惊异于穷人的贪婪,一怒之下立刻消失不见,回到天宫里面去了,临走之前一挥衣袖,他刚开始变的那些金子也再次变回了原样。

哲思 这个故事告诉我们人的欲望是没有止境的,就像那个穷人一样,再多的金子也不能让他满足,除非是那个能够点石成金的金手指。在生活中,如果我们不能控制好自己的欲望,老是想寻求更多的东西,那么我们很可能会像那个贪得无厌的穷人一样最终变得一无所有。

贪心的狐狸

"多多益善"可不是什么好想法

眼看就要过年了,山羊去狐狸家里串门。山羊见狐狸家里的墙上挂满了许多山鸡和野兔,便说:"伙计,你真有本事,捕获了这么多的猎物,你今年过年可是不用愁了。"

"唉，这算什么呀！这几天我都发愁得吃不下饭、睡不着觉呢！"狐狸沉重地说。

"为什么？你还不满足吗？"山羊惊讶地问。

"当然，你觉得我这里的猎物多，我说了你都不相信，猎豹家的兔肉、鹿肉都快堆成小山了，我能快乐吗？能满足吗？"狐狸表情夸张地说道。

"只要你抱着'多多益善'的心态，认为猎物'越多越好'，你就永远也无法满足，更别提快乐了。"山羊说完，转身离开了狐狸的家。当它走到门口时，还听到背后的狐狸发出了一声长长的叹息。

哲思 我们想要快乐，那就得多想想自己已经得到了什么，如果抱着凡事"多多益善"的想法，反而会压制你对幸福的享受。要知道，"多多益善"可不是什么好想法。当然，并不是说我们不能或不该想得到比别人更多的东西，只是说我们的快乐不要过分依赖于它。相对于互相攀比，我们更应该着眼于现在，学会安享现有的一切，这样，我们就会得到无上的满足感，快乐也会随之而来。

牛棚里的将军

宽容，解放自己，拯救他人

东晋的时候有一个很出名的大将，叫做诸衰。他不仅在战场上英勇无比，而且心胸宽广，待人真诚友好，深受士人们的敬佩。

有一次，诸衰去浙江公干，路过钱塘的时候听说有名的钱塘江大潮就快到了，于是临时决定到钱塘去看看那难得一见的钱塘江大潮。

诸衰来到了钱塘的驿亭，对驿亭的亭吏说自己想在这里过夜。但是，当时钱塘县的县令也带着家眷来看钱塘江潮，恰好就住在那个驿亭里面，县令家人已把整个驿亭都住满了。

一个小小的亭吏根本不认得诸衰是谁,于是就安排他住在了江边的一个又脏又臭的牛棚里面。不久以后,钱塘江大潮开始了,在观潮的时候,县令见到了诸衰。县令觉得这个人有点眼熟,很像大将诸衰,于是就让人把那个人请过来,问他是谁。诸衰见了县令以后,县令问他是谁,诸衰笑着对县令说:"我是河南诸衰。"

县令听了之后被吓坏了,没有想到这个人真的是大将诸衰,于是马上跪下谢罪。然后,县令下令责打那个亭吏,要处罚他怠慢诸衰将军的过失。但是,诸衰却为那个亭吏求情,使他免去了一顿责打。那个小吏十分感激诸衰,县令也对诸衰的人品有了一个全新的认识,更加敬佩诸衰了。

哲思 试想一下,如果诸衰的胸怀没有那么宽广,而是为了这件事气愤不已,一怒之下就离开了钱塘江,那么,他还能够看到美丽壮观的钱塘江大潮吗?而如果他借此闹事,会让县令和小吏很为难,破坏了他们的心情,也破坏了自己的好心情。诸衰的宽容大度既拯救了县令和亭吏,同时也解放了自己。因此,在生活中,我们不妨试着变得更加宽容,凡事都要看得开,这样才能每一天都快乐,这种快乐也可以感染他人,让自己身边的人得到快乐。

雕花弓

虚荣心害人不浅

从前有个猎人,每次村里的年轻人一同出外打猎,他猎到的动物都最多,尤其让村里的年轻人感到敬佩的是他的箭术,他可以在完全没有瞄准的时间的情况下一箭射落空中的大雁,有鉴于此,大伙儿便封了他一个头衔,叫"猎王"。

猎王原来用的那把弓,外表平实,很不起眼,但是力量很大,是猎王从小用到大的趁手兵器。有了猎王的头衔之后,他心想:"我的身价已经跟以前大不相同了,如果再用这把难看的弓,一定会遭人笑话。"于是,猎王丢弃了自己的旧弓,另外找人制造了一把新弓,上面雕刻了非常精致的花纹,每个人见了都忍不住要摸一摸,称赞几句。猎王更得意了。

有一天,村子里举行射箭比赛,猎王带着美丽的新弓,很神气地到达比赛地点。等轮到猎王出场时,大伙儿都鼓掌喝彩,准备看他一显身手。只见猎王拈弓搭箭,才一拉弓弦,只听"喀喇"一声,猎王的雕花弓竟然从中断成了两节。在场的人个个哄堂大笑。猎王面红耳赤,一时羞窘地说不出话来。

哲思 猎王所犯的错误叫做虚荣。生活就是这样,越想出风头的人到头来往往是出丑,越追求虚荣的人到最后往往要丢大人。让我们记住这个道理吧,名利只是身外之物,追求实实在在的幸福和快乐才是最重要的。

欲望之钵

淡泊处世,别做欲望的奴隶

一个小县城里有一个风云人物,他就是全国最大的财主。平时,财主家的红门总是紧闭的,即使打开,也会站两个门房,不要说是衣着破烂的乞丐,一般人也难以靠近。但是,财主是一位仁慈的长者,只要他出门时看见可怜的乞丐,总会叫门房拿一些东西送给他们,所以,在远远能够望见财主家门口的地方,经常会有穷人和乞丐等在那里碰运气。

这一天,有个乞丐带着磨得光亮的钵,决定到财主家门前去碰碰运气。令那个乞丐没有想到的是,财主的家门没有紧闭,还留下了一条小缝,并且也没有门房看守,于是乞丐便大胆地从门缝里钻了进去。门里是一座大的宅院,围着宅院的是美不胜收的花园,那时正是春天,人间最美丽的花,像百合、玫瑰、牡丹、杜鹃、樱花都在花园中盛放。乞丐从来没有见过如此美丽的景象,他立刻被这非凡的美震慑了。

第7课 快乐来自宽容，无欲则刚是真理

"你是什么人？怎么私自跑到我家里来？"乞丐被背后的喊声惊醒而回过神来，转头一看，原来是那位仁慈的财主。

"我！我！我！……我只是想来乞讨一些东西。"乞丐说着，捧起他手中那个磨得十分光亮的钵。

"喔！你不用害怕，从来没有一个乞丐有机会和我站这么近，今天我心情好，你想要什么，我都会给你。"财主笑着说。

乞丐说："你不要答应得太早，也不要自满，虽然你真的很富有，但你也许会后悔的。"

财主说："你倒是说说看，你想要些什么？"

"你看看我手中的钵，只要能装满它，我就心满意足了，"乞丐说，"老爷！你装任何东西进去都可以，唯一的条件是一定要装满它！老爷！你现在还来得及说不呀？我事先提醒你，我手里的这个，可不是普通的要饭钵。"

"哈！哈！……"财主放声大笑，"你可能还不知道我是什么人吧？你那不是普通钵，难道我就是普通人吗？我可是这个国家最富有的人，不要说在你的小钵里装满食物，就是装满钻石、珍珠、玛瑙，又有何难呢？好！我就答应你，纵使耗尽家产，我也会把你的钵装满！我绝不会后悔的，你放心吧！"

财主立刻叫家丁到库房去取一箱金银财宝，把乞丐的钵填满。说也奇怪，一整箱比钵大上几十倍的金银财宝全倒进去，钵也没有满；财主又叫家丁拿一整柜的绫罗绸缎、最华美的衣饰出来，把乞丐的钵填满。说也奇怪，一整柜比钵大上几百倍的华美衣饰全倒进去，钵还是没有满；财主再叫家丁把家里所有的米粮酒菜扛出来，填满乞丐的钵。说也奇怪，比乞丐的钵大上几千倍的食物全倒进去，钵依然没有满。

财主这下有点慌了，只不过他是一个说话算数的人，绝不会出口食言。于是，他将所有的家丁召集起来，把家里所有的东西，不论是值钱的或不值钱的、有用的或无用的，全部塞进乞丐的钵里。但令财主感到绝望的是，钵依然不满。最后，财主甚至把他的整个庄园变卖倒进乞丐的钵里。钵依然不满，看起来这个钵好像永远也填不满了。

到了黄昏的时候，财主的一切都倒进钵里了，他自己也变成了一个捧着钵

的乞丐。已经一无所有的财主向乞丐拜倒说："您一定是神仙,带着神奇的钵来考验我、启示我!请问神仙,您究竟要给我什么启示呢!请原谅我一再忽视您的提醒,自傲于自己的财富,请您大发善心,开导开导我吧!"

乞丐把财主拉起来说："我既不是神仙,也没有什么启示,我只是一个最普通的、以前都站在你的家门口等待食物的乞丐呀!"

财主说："那么,可不可以请求你,告诉我这个钵的来历,为什么这么小的一个钵,却怎么都装不满呢?"

乞丐一边抚摸手上的钵,一边说："我是一个贫穷的乞丐,穷到连一个钵也买不起。有一天我在坟场里睡觉,无意中捡到一个死人的头盖骨,它的形状看起来就像钵一样,为了不让人看出它是头盖骨,于是我就拼命地打磨它,把它磨得锃亮,就像是一个铁钵一样。奇怪的是,这个头盖骨虽然小,但不管放什么东西都无法填满它,就好像活着的人,世间的一切也无法填满他的头脑一样。这一路上行乞,这个钵已经使许多骄傲的财主散尽家财了,老爷!所以在一开始的时候,我才一再地提醒你呀!"

哲思 一个人之所以会不快乐,其根源就在于他的欲望太多,以至于在不知不觉间做了欲望的奴隶。欲望是人的动力,人也很难无欲,但是我们应该对欲望有所警觉、有所节制,把欲望占满的空间腾出一些来,让我们的人生多一分淡泊,对我们每个人来说都是一件重要的事情。以一颗平常心面对人生中的各种诱惑,我们就会得到更多。

随 缘
心无挂碍,随遇而安

三伏天,炎炎烈日把禅院前的草都晒得枯黄了。

"快撒点草种子吧!这样多难看啊!"小和尚催促自己的师父道。

"等天凉了。"师父挥挥手,"随时!"

转眼间,中秋到了,师父买了一包草籽,叫小和尚去播种。秋风起,草籽边撒边飘。

"不好了!好多种子都被吹飞了。"小和尚喊。

"没关系,只有那些空的,不能发芽的草籽才会被吹走。"师父说,"随性!"

撒完种子,跟着就飞来几只小鸟啄食。

"要命了!种子都被鸟吃了!"小和尚急得跳脚。

"没关系!种子多,吃不完!"师父说,"随遇!"

半夜一阵骤雨,小和尚气急败坏地冲进师父的禅房:"师父!这下真完了!好多草籽被雨冲走了!"

"冲到哪儿,就在哪儿发!"师父说,"随缘!"

半个月过去了,禅院前原本光秃的地面,居然长出许多青翠的草苗。一些原来没播种的角落,也泛出了绿意。

小和尚高兴得直拍手。师父点头:"随喜!"

哲思 心无挂碍,随遇而安,这是禅宗的境界。作为一个现代人,我们肯定会在生活中有所追求,但我们还要学得现实些,尽情欣赏和享受自己所拥有的一切,而不是去做好高骛远、不切实际的追求。把心态放得平和些吧,我们会发现,生活中从此少了很多烦恼。

陶罐与铁罐

平和与宽忍

曾经,在国王的御厨里放有两只罐子,一只是陶的,另一只是铁的。铁罐曾有几次掉在地上的经历,但每次它都完好无损,这让它感到无比的骄傲和自豪。而对于陶罐,御厨为了怕它掉在地上摔碎了,就总是把它放在橱柜的最里边。所以骄傲的铁罐瞧不起陶罐,常常奚落它。

"你敢碰我吗,陶罐兄弟?要不我们尝试一下硬碰硬吧!看看到底谁厉害。"铁罐傲慢地问。

"不敢,铁罐兄弟,毫无疑问,你比我硬多了。"谦虚的陶罐回答说。

"我就知道你不敢,懦弱的东西!"铁罐说着,脸上露出了轻蔑的神气。

"我确实不敢碰你,但不能叫做懦弱。"陶罐争辩说,"我们生来的任务就是盛东西,并不是来互相碰撞的。在完成我们的本职任务方面,我不见得比你差。再说……"

"住嘴!"铁罐愤怒地说,"你怎么敢和我相提并论!你等着吧,要不了几天,你就会变成碎片消失了,只有像我这样坚硬的铁罐才有资格呆在这里,因为我什么都不怕!"

"何必这样说呢?"陶罐说,"我们还是和睦相处的好。"

"和你在一起我感到羞耻,你算什么东西。"铁罐说,"我们走着瞧吧,总有一天,我要把你碰成碎片。"

面对铁罐的咄咄逼人,陶罐耸耸肩,不再理他。

很长时间过去了,世界上发生了许多事情,王朝覆灭了,宫殿倒塌了,两只罐子被遗落在荒凉的草地上。历史在它们的上面积满了渣滓和尘土,一个世纪连着一个世纪。

整整八百年后,一群考古学家终于找到了这里,他们掘开厚厚的积土,发现了那只陶罐。

"哟,这里头有一只罐子!"一个人惊讶地说。

"真的,一只陶罐!"其他的人都高兴地叫了起来。

大家把陶罐捧起,把它身上的泥土刷掉,擦洗干净,虽然经过了八百年的时光的洗礼,陶罐还是像当年在御厨里一样,朴素、美观、毫光可鉴。

"一只多美的陶罐!"一个人说,"小心点,千万别把它弄破了,埋在土里那么久,很容易损坏的。"

"谢谢你们!"陶罐兴奋地说,"我的兄弟铁罐就在我的旁边,请你们也把它掘出来吧,它一定闷得够难受的了。"

人们立即动手,翻来覆去,把土都掘遍了。但,一点铁罐的影子也没有。

铁罐,不知道在什么年代,已经完全氧化,早就无踪无影了。

哲思 别人有别人的才干,我们有我们自己的才干。盲目地比较,或者会使我们妄自尊大,或者会让我们变得自卑自怨。另外,攀比并不能等同进取和竞争,就如同生活并不等同于追名逐利一样。既如此,我们不妨安然于平和与宽裕,让我们细细体味自己所拥有的,享受真正属于我们自己的幸福生活吧。

你是个什么官

用宽广的胸怀展示人格的魅力

亚历山大大帝骑马在俄国西部旅行,在那里,没人能够认得出来这个穿着一身平民服装的人就是尊贵的皇帝陛下。

一天,亚历山大大帝在一个三岔路口前被难住了,他忘记了回旅馆的路。这时,亚历山大发现不远处的树底下有一个军人正靠在那里晒太阳,于是他上前问道:"朋友,你能告诉我去旅馆的路吗?"

那军人叼着一只大烟斗,头一扭,慢慢抬起头把这身着平纹布衣的旅行者上下打量一番,傲慢地答道:"朝右走!"

"谢谢!"亚历山大又问道,"请问从这里到旅馆还要走多远?"

"一英里。"那军人生硬地说,似乎显得很不耐烦。

亚历山大对那个军人说了声谢谢,然后向着军人指给他的方向走去,可是刚走出几步,他又停住了,回过头来微笑着说:"请原谅,我可以再问你一个问题吗?如果你不介意的话,我想知道,你的军衔是什么?"

军人猛吸了一口烟说:"猜嘛!"

亚历山大风趣地说:"中尉?"

那军人没有吭声。

"上尉?"

军人一撇嘴,对于亚历山大对自己的低估感到很不屑,于是摆出一副很不起的样子说:"还要高些。"

"那么,你是少校?"

"是的!"军人高傲地回答。于是,大帝敬佩地向他敬了礼。自称少校的军人转过身来摆出对下级说话的高傲神气,问道:"假如你不介意,请问你是什么官?"

亚历山大乐呵呵地回答:"你猜!"

"中尉?"

亚历山大摇头说:"不是。"

"上尉?"

"也不是!"

军人这下坐不住了,站起身谨慎地问道:"那么你也是少校?"

亚历山大镇静地说:"继续猜!"

军人取下烟斗,那副高傲的神气一下子消失了。他用十分尊敬的语气低声说:"那么,您是部长或将军?"

"快猜着了。"亚历山大回答说。

"阁……阁下是陆军元帅吗?"军人已经慌了,他结结巴巴地问道。

亚历山大说:"我的少校,再猜一次吧!"

"皇帝陛下!"军人猛地跪在大帝面前,忙不迭地喊道,"陛下,饶恕我!陛下,饶恕我!"

"饶你什么,朋友?"大帝笑着说,"你没伤害我,我向你问路,你告诉了我,我还应该谢谢你呢!"

哲思 俗话说,"海纳百川,有容乃大",这句话的意思是说,人要有宽广的胸襟,要有一颗宽容的心。有哲人说过:天空收容每一片彩云,不论其美丑,故天空广阔无比;高山收容每一块岩石,不论其大小,故高山雄伟壮观;大海收容每一朵浪花,不论其清浊,故大海浩瀚无涯。心灵的博大,胸襟的坦荡,襟怀的包容,才能真性飘逸,气质超然,快乐人生。

猎豹的遗言

欲望过多的下场

猎豹和狐狸一同外出狩猎，他们俩整整忙碌了一天，眼看天就要黑下来了，狐狸说："豹老弟，咱们的猎物已经够多的了，现在赶紧就回家吧，家里的孩子们还在等着咱们带回去的猎物呢。"

猎豹回答说："再等一会儿，我还想猎一只大山羊什么的，今天只抓了些小动物，只够一家人填饱肚子的，如果不能带点什么大家伙回去，那岂不是让人家笑话。你也真是太容易满足了吧！"

突然，一只山羊从它俩身旁一跳而过。猎豹反应极快，像离弦的箭一样猛追过去。却不曾想，天黑路滑，脚下一松劲，不小心滚下了陡峭的山坡。

等狐狸追赶到山坡下时，猎豹只剩下最后一口气了。

"狐狸兄，请告诉我儿子一句话：即使拥有整个世界，一天也只能日进三餐、夜睡一张床呀！如果我早点定的这个道理，那该多好啊！"说完这句话后，猎豹便没了气。

哲思 生活中，人们常常抱怨活得很累，其实只是因为欲望过高，所求的太多。就像那头猎豹，如果它不是为了面子非要去追那头大山羊的话，那么他也就不会送命了，他也可以将自己悟到的道理亲自告诉自己的孩子，而非像这样说出这么凄凉的遗言了。

第8课

沟通,往往比拳头更能解决问题

人是社会的动物。只要我们还活在这个世上,就不可避免地要和其他人打交道。但是如何与他人打交道,这就是一门学问了。比方说,如果有人得罪了我们,那怎么办?揍他?骂他?还是永远不再理他?事实上,在现代社会,沟通永远要比拳头更能解决问题。在这个世界上,没有讲不通的道理,只有不讲道理的人;没有不能沟通的事,只是人们不懂得如何去沟通罢了。

买衣服

沟通，解决问题的法宝

有一位外销员到广州去出差，他在街头小货摊上买了几件衣服，可在付款的时候却发现刚刚还在身上的100多块钱突然不见了。货摊只有他和姑娘两人，因此他断定肯定与那姑娘有关，可他却又没有抓住什么把柄。当他向姑娘提及此事时，姑娘立刻翻脸说他诬陷人。

在这种情况下，这位外销员没有和她来"硬"的，而是压低声音，悄悄地说："姑娘，我一下子照顾了你五六十元的生意，你怎么能够这样对待我呢？你在这个热闹街道摆摊，一个月收入几百上千，我想你是绝对看不上那区区100来块钱。再说，你们做生意的，信誉要紧啊！"

看见那位姑娘似乎有所动了，他又接着恳求道："人家托我买东西，现在我身上只有那100来块钱，丢了我真没法交待，你就替我仔细找找吧，或许忙乱中混到衣服里去了。我知道，你们个体户是最能体谅人的。"

姑娘终于被说动了，她就坡下驴，在衣服堆里"找"出了那100来块钱，不好意思地交给了那位外销员。

哲思 很多时候，人难免因一时糊涂做一些不适当的事。遇到这种情况，我们应该怎么做？是把人拆穿把事情做绝？还是把握好分寸用沟通的方式来解决问题？事实上，如果这位外销员是个火爆脾气，两人一言不合就当街对骂或是大打出手的话，无疑是对把钱找回来没有任何帮助的。可见，沟通，往往比拳头更能解决问题。

刘邦骂韩信

一句软话，让自己转危为安

楚汉争霸的时候，韩信曾派人对刘邦说："齐国伪诈多变，是个反复无常的国家，请汉王承认我为假王，这样我镇守齐国就更名正言顺了。"

谁都明白，这是韩信凭借自己的功劳和地位来要挟刘邦，所以刘邦一听，暴跳如雷，私底下骂道："我被围困在这儿，日夜都盼望他来，他却自己想要造反吗？"

张良和陈平与刘邦贴耳小声说："你现在处于不利，也无力禁止韩信自称为王。不如说点软话，立他为王，使他自守。不然的话就要发生叛乱，后果不堪设想。"

刘邦醒悟过来，又骂道："大丈夫定诸侯，应当做真王，为什么要称假王呢？"于是就立韩信为齐王，安抚了他。

哲思 当时，刘邦被困，韩信趁势相逼。刘邦"人在矮檐下，不得不低头"，用一句软话安抚了韩信，避免了进一步落井下石，保全了自己。在那种情况下，刘邦即便不向韩信"服软"，也无力去改变韩信称王；相反如果刘邦强硬到底，难免韩信不会倒戈相向，到那时刘邦可就真是置身危局了。而一句简简单单的软话，换来韩信的安心替自己卖命，可见软话的力量之大。生活中往往就是这样，一句软话，马上就可以让自己转危为安。

道歉的力量

服个软,什么事情都好说

里奇常带着他的波斯狗到公园中散步,按当地的规定,狗是要戴上口笼的。但里奇认为它是一只无害的小犬,所以总是不给它系上皮带或口笼。

一天,里奇在公园中遇到了警察。警察对里奇说:"你不给那狗戴上口笼,也不用皮带系上,你不知道这是违反规定的吗?"

"是的,我知道是违反规定的,"里奇轻柔地回答说,"但我想它在这里不至于产生什么伤害。"

"法律可不管你怎么想。这次我可以放你过去,但如果我再在这里看见这狗不戴口笼,不系皮带,你就得去和法官讲话了。"里奇谦逊地应允了警察的命令。

可没过几天,里奇就把警察的告诫忘掉了。然而要命的是,里奇和他没戴口笼和、没系皮带的小狗再次遇到了那个警察。

这次,里奇没等警察开口,先主动承认了错误:"警官,你已当场把我抓住了,这一次,我再也没有任何借口了。你上星期警告我如果我再把没有带口笼的狗带到这里,你就要罚我。"

警察见里奇这么说,口气就软了下来:"其实我知道,这样一只小狗是不会伤人的。"

"不,但它也许会伤害松鼠。"里奇说。

"哦,现在,我想你对这事太认真了,"警察说道,"我告诉你怎样办,你只要使它跑过那土丘,使我看不见它——这件事就让它过去吧。"

哲思 里奇为了免于被责,主动服软,给足了警察面子,让这个警察觉得自己受到尊重,从而宽恕了里奇的行为。由此可见,当我们在沟通中处于不利地位时,我们不妨也学学里奇,跟对方服个软,甚至先数落自己一番,这样一来,就什么事情都好说了。

祝 福

眼泪也是沟通的有效武器

经济危机的时候,有个18岁的女孩子非常不容易的在一家高级珠宝店才找到了一份售货员的工作。圣诞节的前一天,店里来了一个衣着破旧的中年人,他的脸上满是哀愁,用一种羡慕的目光盯着店里的那些高级首饰。

突然,店里的电话响了起来,女孩去接电话的时候,不小心碰翻了一个碟子,顿时六枚精美绝伦的钻石戒指掉到地上,她急忙弯腰捡起其中的五枚,但第六枚却怎么也找不到。女孩子急得都快哭了,按她现在的薪水,那枚戒指她5年不吃不喝都赔不起。正在这时,她看到那个中年男子正向门口走去,她意识到戒指可能被他拿去了。于是她忍住眼泪走上前柔声叫道:"对不起,先生!"

中年男子听了她的叫声,转过身来。两人相视无言。

过了一阵子,中年男子脸上的肌肉抽搐了几下,问道:"什么事?"

女孩子心里很急,但又不知道该怎么开口,结果眼泪又流了出来。

中年男子见小女孩哭了出来,眼神中流露出了怜惜,再次柔声问道:"什么事?"

女孩子带着哭腔,神色黯然地说:"先生,这是我头一回工作,现在找个工作很难,想必您也深有体会,是不是?"

中年男子久久地审视着她,终于带着不忍与歉意的微笑浮现在他脸上,他说道:"是的,确实如此。但是我能肯定,你在这里会做得不错。我可以为您祝福吗?"说完之后,男子向前一步,把手伸向女孩。

"谢谢您的祝福。"女孩也立即伸出手,两只手紧紧握在一起,两手之间是一枚镶着钻石的戒指。

哲思 不可否认,那个中年人之所以肯归还戒指,女孩子的眼泪在其中起到了巨大的作用。女孩的眼泪之所以有如此大的效力,不能不说是那个女孩把自己的眼泪和眼前的条件、环境,完美的结合在了一起的结果。人皆有恻隐之心,眼泪所能起到的,就是激起对方恻隐之心的效果。由此可见,眼泪也是与人沟通的一种有效武器。

太太的生日礼物

巧舌如簧,缔造"双赢的沟通"

有个妻子要过生日了,她希望丈夫不要再送花、香水、巧克力或只是请她吃顿饭。她希望得到一颗钻戒,要知道,他们结婚五年了,却还没有一个正经的定情信物呢!

"今年我过生日,你送我一颗钻戒好不好?"妻子对丈夫说。

"什么?"妻子的"狮子大张口"吓了丈夫一跳。

"我不要那些花啊、香水啊、巧克力的。没意思嘛,一下子就用完了、吃完了,不如钻戒,可以做个纪念。"

"钻戒,什么时候都可以买。一束玫瑰花,一顿烛光晚餐,这多有情调,你们女人不是最爱浪漫吗?"

"可是我要钻戒,人家都有钻戒,我就没有……"结果,原本恩爱的夫妻俩因为生日礼物,居然吵起来了,甚至吵得要离婚。

更妙的是,大吵完,两个人都糊涂了,彼此问:"我们是为什么吵架啊?"

"我忘了!"太太说。

"我也忘了。"丈夫搔搔头,笑了起来:"啊!对了!是因为你想要枚钻戒。"

另一个太太,也想要颗钻戒当生日礼物。但是她的说话方式可不像上一个妻子那样直白。她是这样跟自己的丈夫说的:"亲爱的,今年不要送我生日礼物了,好不好?"

"为什么?"丈夫诧异地问,"难道我送你的礼物你都不喜欢吗?"

"明年也不要送了。"

丈夫眼睛睁得更大了。

"我想……我们可以把给我买生日礼物的钱存起来，存多一点，存到后年。"太太不好意思地小声说，"我希望你给我买一颗小钻戒……"

"噢！"丈夫明白了妻子的意思，他觉得自己亏欠妻子的实在是太多了，妻子想要一个钻戒并不是什么无理的要求。

于是，在生日那天，这位太太得到了她的生日礼物———一枚钻戒。

哲思 干什么都有技巧，说话也一样，同一件事情，用不同的说话方式，结果有天壤之别。第一位妻子就明显不会说话，她从一开始就否定了以前的生日礼物，伤了丈夫的心。接着她又用别人丈夫送钻戒的事，伤了丈夫的自尊。最后，她居然否定了他们的夫妻感情，结果引发了一场无益的争吵。第二位妻子则堪称沟通的大师，她虽然要钻戒，却反着来，先说不要礼物，最后才说出自己的想法，既达到了自己的目的，又促进了夫妻之间的感情，这种"双赢的沟通"的哲学，实在值得我们好好学习一下。

机警的李莲英

一句妙语，化解尴尬窘境

大太监李莲英是慈禧太后身边的红人，而他油滑、机巧的嘴巴则是他能够"长盛不衰"的关键。

慈禧酷爱京剧，常常召戏班子到紫禁城里来给自己演戏。唱得好了，慈禧总是小恩小惠地赏赐艺人一点儿东西。

一次，她看完京剧名家杨小楼的戏后，心情非常舒畅，于是把杨小楼召到眼前，指着满桌子的糕点说："这些赐给你，带回去吧！"

杨小楼叩头谢恩，但他不想要糕点，想要一些更具纪念意义的东西。看慈禧太后心情不错，便壮着胆子说："叩谢老佛爷，这些尊贵之物奴才不敢领，能不能另外赐给奴才点别的……"

"你想要什么？"慈禧心情高兴，并未发怒。

杨小楼又叩头说："老佛爷洪福齐天，奴才要是能求得老佛爷一副墨宝，那可就是光宗耀祖的事了。"

慈禧听了，一时高兴，便让太监捧来笔墨纸砚。大笔一挥，就写了一个福字。

站在一旁的小王爷看了慈禧写的字，悄悄地说："福字是'示'字边，不是'衣'字边的呢！"

杨小楼一看，这字写错了，若拿回去必遭人议论，岂非有欺君之罪；不拿回去也不好，慈禧尴尬之下说不定当场就杀了自己泄愤。要也不是，不要也不是，他一时急得直冒冷汗。

气氛一下子紧张起来，慈禧太后也觉得很尴尬，既不想让杨小楼拿去错字，又不好意思再要过来。

旁边的李莲英脑子一动，笑呵呵地打圆场说："老佛爷之福，比世上任何人都要多出一'点'呀！"杨小楼一听，脑筋转过弯来，连忙叩首道："老佛爷福多，这万人之上之福，奴才怎么敢领呢！"

慈禧正为下不了台而发愁，听这么一说，急忙顺水推舟，笑着说："好吧，隔天再赐你吧！"就这样，李莲英一句妙语化解了当时的尴尬窘境，同时也救了杨小楼的命。

哲思 在人与人的沟通过程中，任何人都有可能说出不得体的话或是因一时紧张做出可笑的事情。在这种情况下，如果不及时补救的话，就会造成尴尬局面。这时，如果能巧妙运用随机应变、灵活变通的说话技巧，就可以轻松地摆脱窘境，将尴尬的场面一扫而空了。

狮王的领导哲学

自我批评,让沟通变得事半功倍

一天,狮子王正在山下巡视自己的领地,忽然遇到一个告状的农夫。农夫说自己的玉米还未完全成熟,就被一群从山上下来的猴子糟蹋光了。狮王听后,很是生气,它命猴子照价赔偿完农夫后,便让猴王和自己一起回王宫,打算狠狠地臭骂猴王一顿。

很快,狮王领地里的动物们都知道了这件事情,它们显然看到了狮王正强压着自己的怒火,看来这次大王肯定会对肇事的猴子严惩不贷。但是,谁也没有想到,没过多久,猴王竟然面带笑容地走出了狮王的宫殿,好像什么事也没有发生过似的。所有的动物看到了这种情况,无不感到惊讶。

原来,在回王宫的路上,狮王想,如果一味批评肇事的猴王,它肯定无法真心实意地接受,因为猴子们下山偷玉米也实属无奈。由于动物王国的存粮已所剩无几,它们是为了把仅剩的粮食留给那些老幼病残的伙伴,才出此下策的。

于是,狮王首先作了自我批评,说由于自己的能力有限,没让大家过上好日子,深感惭愧,但猴子们的行为也不对……由于狮王的一番推心置腹的交谈,猴王十分感动,它心里的抵触情绪也消失了,它诚恳地承认了自己的错误,并且保证自己会率领众猴子帮助农夫种田,以此来弥补自己所犯下的过错。狮王对于猴王的态度也很满意,于是对这次的事情也就不予处罚了。

哲思 毫无疑问,狮王拥有高超的领导手腕,正是因为它首先做出了自我批评,猴王才会虚心接受意见。由此可见,自我批评是一种艺术,更是一种处世的智慧。与人交往时,谈话需要讲究技巧,批评、责备他人也需要技巧。因为单纯的责备常常达不到效果,反而容易引起抵触;而理解别人,耐心、平等、诚恳地与其交换意见,主动地检讨自己,则会使对方深受感动,引起愧疚,从而心悦诚服地认识到自己的错误。这种不以批评面貌出现的批评能起到更加完美的作用，让沟通变得事半功倍。

谁在亵渎佛祖

恶意中伤只能自取其辱

在某大寺当中，甲、乙两位高辈分的僧人之间素有嫌隙，甲僧心胸狭窄，总想找个机会攻击乙僧，又苦于找不到借口，甲僧于是就在乙僧的小徒儿身上打起主意来。

一天，甲僧无事生非，向方丈诬告："今天在大雄宝殿念经礼佛的时候，乙僧的小徒儿跪在最后一排做鬼脸，亵渎佛祖。请方丈大师明察秋毫，治乙僧管教不严之罪。"

方丈听后半信半疑，表示自己将会好好调查此事。第二天，方丈在佛事完毕后，把乙僧的小徒儿留了下来询问这件事，小徒儿反问方丈："我在后排做鬼脸何人所见？"

甲僧抢前一步，横眉怒目地对小徒儿说："是我亲眼所见的，你还想抵赖！"

小徒儿并不慌乱，问："请问师伯您当时站在哪里？"

甲僧随口答道："大家都知道，我当然是站在第一排的。"

小徒儿此时说："那如果您不回头看的话，怎么会看见我做了鬼脸呢？我看不专心礼佛，亵渎佛祖的，是师伯您吧！"

甲僧顿时满脸羞愧，无地自容。

哲思 假的就是假的，永远也真不了。那些随口编出来的恶意中伤，又怎么能经得起仔细的推敲呢？到头来，这些人只能像甲僧一样自取其辱罢了。如果我们与别人产生了矛盾，我们最应该做的是找到这个人，与他进行心平气和的沟通，把事情说开。恶意中伤只是一些人在盛怒之下失去理智，所出的下下策罢了。

加错燃料

沟通意识的胜利

胡佛胆识过人,技术一流,是一名特技飞行员,曾经有过多次飞行表演的经验,就算是在特技飞行队里,也属于佼佼者。

一次胡佛出去参加飞行表演,结果飞机在返回的途中发生了意外——在飞机降落到距离地面300米高空的时候,胡佛发现飞机的发动机突然熄火了。这种事情发生在这样的低空几乎只可能有一个结果,那就是机毁人亡。而当时,胡佛的飞机里还有另外两个人,也就是说,三条人命已经危在旦夕了。

极为幸运的是在这样的情况下,胡佛依靠高超的技艺和过人的胆识仍然把飞机降落在机场,虽然飞机严重损坏,万幸的是人员却安然无恙,只是有些轻微的擦伤。走出飞机驾驶位置的胡佛立即对飞机作了检查,结果发现造成事故的原因是因为机械师把燃料加错了。

之后,胡佛指名要见一下那位帮他维修飞机的机械师,人们都以为他要狠狠地痛骂那位粗心大意的机械师一顿,因为这么大的失误,不仅让这架造价昂贵的飞机就此报废,而且差点还让胡佛一行三人一命呜呼。

可是,出人意料的是,胡佛见了那位年轻的机械师以后,他走过去揽住机械师的肩膀说:"为了相信你不再出现这样的情况,明天要起飞的F-16还要你来维修。"机械师还沉浸在紧张、沮丧、痛悔的情绪中,听到了这番话以后,简直不相信自己的耳朵,直到胡佛离开以后他还没醒过神儿来。当然,这件事情给了这个机械师一次终身难忘的教训。

哲思 胡佛在年轻机械师犯了这么大错误的时候,只是简单寥寥几句含蓄的批评就又重新给机械师机会,机械师又怎么会不感恩戴德呢?下一次检修的时候,他一定会万分小心的。诚然,狠狠地骂他一顿又有什么意义呢?恐怕只会让这个年轻人从此失去信心而犯更多的错误吧。胡佛的沟通意识拯救了这个年轻的机械师,同时也成就了他自己。

乐师巧谏魏文侯

委婉的劝告更能打动人心

这天,战国时魏国的建立者魏文侯心情不错,就命乐师弹琴,魏文侯亲自起舞、诵赋。魏文侯一副全心投入的样子,使在场的每一个人为之感动。没想到自己的主公还有这样一手高超的诵赋本领,平日里主公在朝上很是威严,大家都有些害怕。今天见主公有如此闲情雅致,在场的大臣们也很兴奋,有的也不禁翩翩起舞,不会跳舞的就在旁边不住的点头,夸奖主公跳得好、诵得妙。

魏文侯看到大臣们这样欣赏自己的表演,就更加的高兴了。于是即兴做了一首赋,当他朗诵到:"让我的话无一人敢违背"时,一个乐师突然停止鼓琴,操起面前的琴不顾一切地向魏文侯砸去。刚刚还是一片群臣和谐共舞的融洽气氛,突然之间变故陡升,两旁的大臣们都吓傻了,幸亏魏文侯的侍卫眼疾手快,一把抢过乐师手中的琴,然后牢牢把乐师按在地上。

魏文侯实在太生气了,本来自己今天心情很好,却被这个疯狂的乐师搞得一塌糊涂。魏文侯坐在桌旁,吹胡子瞪眼,喘着粗气,怒视着乐师,恨不得生吞活剥了他。两旁大臣都有些害怕,心想:这个乐师,太大胆了,竟然敢打主公,这不是找死吗?而那个乐师虽然被按在了地上,却依然神态自若。

魏文侯看到乐师竟然如此淡定,心中更加气愤了,大喊:"执法官来了没有?我要治这不知天高地厚的乐师的罪。"

执法官忙快步跑到魏文侯面前,弯腰鞠躬,说:"主公,臣在,您有何吩咐。"

魏文侯说:"按律,臣属殴打主公,该当何罪?"

执法官干脆地回答:"禀主公,应判死罪。"

魏文侯喊道:"听到没有,快把这混蛋乐师给我拉出去,斩首!斩首!斩首!"说完,摔袖就要走。乐师听到这儿,忙说:"主公,臣有一言,请您听我说完,再让我去死吧。"

魏文侯不耐烦地说："快说，我一刻也不想再见到你，你说什么都难逃一死了！"

乐师说："过去，尧、舜是有名的贤君，他们治理国家，唯恐自己的话没人反驳。后来桀、纣为君主时，他们是有名的暴君，他们最怕的，就是有人反驳他们的话。臣观主公您今天所讲的话和讲话时的神态颇像桀、纣啊。我心中气愤，心想一定是他们的灵魂附到了您的身上，因此，我举琴就打。我是在打桀、纣的灵魂，让他们不要依附在您的身上，臣实在害怕一向圣明的主公变成桀、纣那样的暴君、昏君啊！"

魏文侯听了这番话，赶忙让侍卫放开这个乐师，起身离座向乐师深深地作了一个揖，感谢他提醒自己，否则，自己恐怕真的要成为一个昏君了。

哲思 魏文侯借跳舞、诵赋的机会表达自己的独裁思想，向众人呈现了其内心的真实愿望，这个愿望应该说是很危险的。乐师忠于魏文侯，不能眼睁睁地看着魏文侯成为昏君，但他毕竟只是一个乐师，如果以乐师的身份直言相劝，魏文侯肯定听不进去，说不定还会引来杀身之祸。于是乐师干脆铤而走险，用更委婉也更引人注目的方式提醒了魏文侯，不但保全了魏文侯的面子，更达到了劝谏的目的。人都是要面子的，无论到了什么时候，委婉的劝告都要比直白的训诫更能打动人心。

精明的老总

各退一步，双方都有台阶下

小周是广州很有名气的 A 广告公司的骨干。一天，公司的老总要他将一个项目可行性研究报告交给一家上海的客户。由于上海的那家客户和 A 公司是初次合作，所以小周并不了解上海的那家公司。

小周把报告发过去后，上海那家公司的联系人李某通过网络问了很多业内人士觉得很可笑的初级问题。当时小周就随口回了一句："你刚入行吧。"结果李某认为小周在讥讽他，对小周破口大骂。对此，小周自然不干了，马上针锋相对，结果两人自然是不欢而散。

第二天，小周的老总知道这件事后，把小周找来问明了事情的始末。客观的讲，这件事的发生并不都怨小周，实际上李某的责任比小周还大。所以老总也没说小周什么，随即拨通了上海客户的电话，亲自向对方道歉："……对不起，手底下的孩子办事情不周到，多有得罪，您大人有大量请您包涵……"

上海那边，其实他们也知道是自己不对，但是自己是买主，又是首次合作，面子摆在那里，无奈之下，所以打算取消与A公司合作。这时候，电话响了，小周的老总亲自道歉来了。

对此，上海的客户感到很不好意思，明明错在自己，可是人家却主动道歉，先退一步，自然也就顺坡下驴，同时心里暗叫惭愧。小周老总的彻底诚意打动了上海的客户，他们当即决定扩大合作的规模，并且也退了一步，在实际利益上给了A公司更多的补偿。

哲思 小周的老总的精明体现在他不计较一点点面子上的得失，在自己占理的情况下主动让步，主动道歉。对方当然也不是那种不讲道理的人，看到A公司主动让步，他们自然也就给了A公司更大的补偿。事实上，无论是工作还是生活，各退一步，双方都有台阶下，如果不顾一切地"死磕"，最后只能落得两败俱伤的结果。

晏子的赞美

与人沟通时，最要考虑的是对方的感受

齐景公生性好玩，常常爬到树上去捉鸟。由于这实在不是一个国君应该做的事，于是晏子就想说服齐景公改掉这个恶习。

有一天，齐景公在树上掏了一个鸟窝，他把里面的鸟掏出来一看发现只是一只小鸟,就又放回鸟窝里。

晏子在树下看到了,于是问齐景公:"主公,您怎么累得满头大汗?"

齐景公说:"我在掏鸟窝,可是掏到的这只太小、太弱,我又把它放回巢里去了。"

晏子称赞说:"主公您真了不起,您具有圣人的品质啊!"

齐景公问:"不过是一只小鸟罢了,怎么能说明我具有圣人的品质呢?"

晏子说:"主公,您把小鸟放回巢里,表明您深知长幼的道理,有可贵的同情心。您对禽类都这样仁爱,何况对百姓呢?"

听了晏子的这番话,齐景公心里一动,若有所悟。从那以后,齐景公再也不爬树掏鸟窝了,而是把全部的心思都放在了关心百姓的疾苦上,终于成了一个优秀的国君。

哲思 晏子堪称中国古代的口才大师。他非常明白在与人沟通时,考虑到对方的感受有多么重要。他在劝谏齐景公时,没有直白地指出齐景公的过失,而是借着赞美的名义暗示齐景公,让他知道自己应该怎样去做。这样一来,晏子就既顾及了齐景公的情绪,又达到了自己的目的,他的这种沟通的技巧实在值得我们现代人学习。

马吃庄稼

沟通,也得讲究方式

这一天,孔子一行人来到一个村庄,在一片树阴下休息,正准备吃点干粮、喝点水。不料,孔子的马挣脱了缰绳,跑到庄稼地里去吃了人家的麦苗。一个农夫上前抓住马嚼子,将马扣下了。

子贡是孔子最得意的学生之一,一贯能言善辩。他凭着不凡的口才,自告奋勇地上前去企图说服那个农夫,争取和解。可是,他说话文绉绉,满口之乎者也,天上地下,将大道理讲了一串又一串,尽管费尽口舌,可农夫就是听不进去。

有一位刚刚跟随孔子不久的新学生,论学识、才干远不如子贡,当他看到子贡与农夫僵持不下的情景时,便对孔子说:"老师,请让我去试试看。"

随后他走到农夫面前,笑着对农夫说:"你并不是在遥远的东海种田,我们也不是在遥远的西海耕地,我们彼此靠得很近,相隔不远,我的马怎么可能不吃你的庄稼呢?再说了,说不定哪天你的牛也会吃掉我的庄稼哩,你说是不是?我们该彼此谅解才是。"

听了这番话后,农夫也觉得很在理,责怪的意思顿时消失了,于是将马还给了孔子。旁边几个农夫也互相议论说:"像这样说话才算有口才,哪像刚才那个人,他说的话,我一句都没听懂!"

哲思 孔子的学生子贡的能言善辩是出了名的,可为什么解决不了问题呢?事实上,是他的沟通方式出了问题。俗话说,"见人说人话,见鬼说鬼话",子贡平素周旋于王公大臣之间,说话之乎者也惯了,用这样的沟通方式来跟一个农夫说话,当然就起不到沟通的效果。看起来,说话必须看对象、看场合,否则,哪怕我们再能言善辩,别人也不买我们的账。

三条大罪

正话反说往往会有出人意料的效果

齐景公酷爱打猎,非常喜欢喂养捉野兔的老鹰。

有一次,景公出外打猎,叫大夫烛邹把鹰放出去抓猎物,结果烛邹不当心,让齐景公最心爱的一只老鹰逃走了。景公为此大发雷霆,命令左右将烛邹推出去斩首。

大臣们都觉得因为一只老鹰就处死朝中重臣实在是有点太过了,可是众臣谁也不敢在齐景公的气头上进去劝谏,只有晏子走上堂,对景公说:"烛邹有三大罪状,哪能这么轻易就杀了?待我公布他的罪状之后再处死他吧!"景公点头同意了。

晏子指着烛邹的鼻子，数说道："烛邹，你的三大罪状件件罪不可赦，我今天让你死而无憾！你为大王养鸟，却让鸟逃走，这是第一条罪状；你使得大王为了鸟的缘故而要杀人，这是第二条罪状；把你杀了，让天下诸侯都知道大王重鸟轻士，这是你的第三条罪状。你有这么三条大罪，如果不斩首，实在不足以平民愤。"

然后晏子回头对景公说："主公，臣已经将烛邹的三条罪过说完了，大王现在可以将他处死了！"

景公脸红了半天，才说："不用杀了，我听懂你的话了。"

哲思 晏子这番话哪里说的是烛邹的罪状，这三条大罪条条都是说给齐景公听的。晏子之所以要这样正话反说，目的就是为了转移齐景公的注意力，让他把自己的怒火化为好奇心，并且在不知不觉间听进了自己的劝谏。事实上，这种正话反说的方式无疑要比直白的劝谏有效多了。

一双筷子

永远别让别人下不来台

在广州一家五星级酒店里，一位外宾吃完最后一道茶点后，顺手就将一个精美的景泰蓝食筷悄悄"插入"自己的西装内衣的口袋中。外宾的这一举动没有逃过工作人员的眼睛，恰好被一位服务小姐看到了。

这位服务小姐不动声色地迎上前去，双手擎着一只装有一双景泰蓝食筷的缎面小匣子说："我发现先生在用餐时，对我国的景泰蓝食筷颇有爱不释手之意。非常感谢您对这种精细工艺品的赏识，为了表达我们的感激之情，经主管批准，我代表本店将这双图案最为精美并经严格消毒处理的景泰蓝食筷送给您，并按照大酒店的优惠价格记在您的账簿上，您看如何？"

那位外宾立刻就明白了小姐话中的弦外之音，心中暗自为自己的行为感到惭愧。于是，在表示了谢意之后，说自己多喝了几杯白兰地，头脑有些发晕，才误将食筷插入内衣袋内,并且聪明地借此下台阶说:"既然这种食筷不经消毒是不能使用的,我就'以旧换新'吧!"说着取出口袋里的筷子恭敬地放回餐桌上,接过服务小姐给他的小匣子,去前台结过账之后不失风度地离开了。

哲思 服务小姐处理得非常巧妙,既维护了酒店的利益,又让对方下了台阶。要知道,在人与人的交往和沟通过程中,最忌讳的就是当众揭人家的短,让人家下不来台。因此我们在日常生活中,也应该学学酒店中的那位服务小姐的沟通理念,永远别让别人下不来台。

杜月笙计救亲子

软硬兼施,沟通的必胜法宝

1948年夏,蒋介石特派蒋经国督导上海地区经济管制。杜月笙的三儿子私自套汇被蒋经国逮捕,这在上海滩引起了巨大震动。

杜氏门徒建议给蒋经国点颜色看看,但杜月笙却不动声色,反而服软地说:"国法之前人人平等,杜维屏果若有罪,我不可能也不应该去救他。"

一天杜月笙碰到了蒋经国,谈话中提到了自己儿子的事。杜月笙很低调的说:"我儿子触犯国法是我管教不严,蒋先生依法惩办,我表示赞同。不过我希望蒋先生秉持国法,并不是只针对我杜某人,否则难以服众,怕是会生出乱子。"

蒋经国不明所以,杜月笙接着说道:"孔家的扬子公司在囤积货物这方面可是比小儿更甚,所以希望蒋先生能一视同仁,把扬子囤货同样予以查封,这样才服人心。"杜月笙的软硬兼施犹如一颗重磅炸弹,语惊四座。

蒋经国在杜月笙面前自然不甘示弱,当即表示"扬子"如有犯法行为,绝不宽恕。由于杜月笙先发制人,蒋经国又不能按兵不动,遂下令查封了"扬子"仓库。"扬子"公司在上海的总经理是孔令侃,他立即向小姨妈宋美龄求援,哭诉蒋经国"残害手足"。宋调解未果,最后蒋介石出面,"扬子"一案不了了之,杜月笙的儿子自然也被释放。

哲思 杜月笙这招软硬兼施实在是"辣"。蒋经国是国民党的"皇太子",又是以"钦差大臣"的身份"奉旨而来",是块异常难啃的硬骨头。于是,老谋深算的杜月笙用这招以柔克刚的把戏成功地把自己的儿子救了出来。通常,"吃软不吃硬"是人本身的天性,如果我们想跟强大的对手沟通,让他们听进去我们的意见,我们也不妨学学杜月笙,用争取同情的技巧,向人示弱,以柔克刚,达到自己的目的。

第9课

一声朋友,情暖一生

"朋友不曾孤单过,一声朋友你会懂。"多么经典的歌词。风雨人生路,朋友可以为你挡风寒,为你分忧愁,为你解除痛苦和困难,朋友时时会向你伸出友谊之手。朋友是你登高时的一把扶梯,是你受伤时的一剂良药;朋友是金钱买不来的,只有真心才能够换来。一声朋友,情暖一生。

苟巨伯不弃病重之友

只有经历过风雨，才能检验出友谊的纯度

晋代人苟巨伯一天去探望朋友，朋友重病卧床。恰逢敌兵攻进城内，烧杀抢掠，老百姓抛家携口，四散逃命。朋友也再三规劝苟巨伯，说自己重病在身，也活不了几天了，让他尽快逃命要紧，而苟巨伯就是不走。他说："我是远道而来专门看你的，现在敌兵来了，大难临头，我怎么能只顾自己，扔下朋友不管呢？"说罢，便若无其事地给朋友熬药去了。

等他把药端到床头时，门被砸开了，一群敌兵冲了进来，发现城里竟然还有没逃走的人，于是问他："你是什么人？胆子也太大了，全城的人都走了，你为什么不跑？"

苟巨伯站在朋友的病床跟前说："我的朋友病得很重，我不能撇下他独自逃生。你们有事找我，别吓着他，就是替朋友死，我也心甘情愿。"

在场的敌兵听了先是一愣，尔后也被他大无畏的舍身为友的态度所感染，说："想不到这里的人如此高尚，走吧！"于是，就撤走了。

经过这件事后，苟巨伯和他的朋友成了生死之交。

哲思 人生在世，每个人都不可能一帆风顺，生活中常听人议论："真的出事了，才看出到底谁和你亲"一句简单朴实的话，却道尽了患难见真情的深刻道理。真正的朋友应该"有福同享，有难同当"，而不是如墙头草般随风倒，没有一颗坚定的心去对待朋友。当你在患难中时，不要焦虑，真正的朋友一定会帮助你摆脱困境。而我们，如果也能以一颗诚挚的心去对待朋友，珍惜朋友，我们的朋友也不会在困难之中抛弃我们。

你先说

与朋友相处,别怕吃亏

从前,有一对十分要好的朋友,他们决定利用暑假的时间进行一次徒步旅行,两人收拾得当便出发了。他们一路上说说笑笑,不知不觉中已经并肩走了两个多星期。

这时,路上出现了一位白发老者,老者见他们如此要好,便想给他们一个小小的考验。于是,老者开口说:"年轻人,我是天上的神仙,今天你们有幸能够遇到我,我准备送给你们一个礼物,这个礼物就是你们当中的一个人先许愿,他的愿望就会马上实现。而第二个人就可以得到那许愿的两倍!"

听到这样的话,两人心里都开始盘算起来,其中一个心想:"这太棒了,我已经知道我想要许什么愿,但我不能先说,因为我先许愿了我就会吃亏了,他就能够得到双倍的礼物,这样对我来说太不公平了,一定要等到他先讲。"而另外一个人也思量着:"我怎么可以先说出愿望呢,让他获得两倍的礼物,那我岂不是吃了大亏。"

于是,两个人开始客气起来,"你先说吧,你年纪比我大,还是你先许愿吧。"

"不,应该你先许愿,你年龄比我小,我应该让着你。"两人彼此推来推去,客套的推辞一番后,就开始变得不耐烦起来,气氛也逐渐变了:"你怎么回事!叫你先说你就先说啊!""为什么要我先说呀,我才不要呢!"……

两人推辞了半天,其中一人生气了,大声嚷道:"喂,我说你还真是个不知好歹的人,你要是再不许愿的话,我把你掐死。"

另外一个人听到这样的话,没想到他曾经那么要好的朋友居然会变成这样,于是,心想:"既然你这么无情,就别怪我无义了,我无法得到的东西,你也休想得到。"

于是，这个人把心一横，狠心地说道："好吧，我先说出愿望！我的愿望就是，我希望自己的一只眼睛马上瞎掉。"

许完愿，他的眼睛立刻瞎掉了一只，而他的好朋友，两个眼睛都瞎掉了，他们不但无法再继续愉快旅程，而且也失掉了最宝贵的友谊，他们都不肯让自己吃亏，结果换来的就只有黑暗和痛苦了。

哲思 每个人都有一本人情账，如果日后要想请朋友办事，那么，自己吃点亏，让朋友欠自己一个人情就是一个很好的办法。不管是大亏，还是小亏，只要对搞好朋友关系有帮助，我们要尽可能地吃下去，不能皱眉。尤其是大亏，有时更是一本万利的事情。不要觉得这样做太功利，互助总是相对的，只有肯为对方吃亏的朋友，才算是真正的朋友。

骡子和铃铛

坚持原则的，才是好朋友

从前，有一头高大健壮的骡子，主人在它的脖子上系了一个制作精巧的铃铛，骡子每走动一步，铃铛便发出"叮当"的声响，比鸟儿唱歌还悦耳动听。

一天，骡子闲来无事，看见菜园里白菜、韭菜一畦畦，鲜嫩又可口，于是就撞开了菜园外的篱笆墙，冲进来大快朵颐，啃个不停。"叮当叮当"，一串串尖利的急响，钻进了主人的耳中。他一个箭步冲出房门，挥动竹枝赶到菜园，一边抽打着骡子的屁股，一边斥责道："混账东西，你胡嚼乱踩，把菜地弄得一团糟，要不是铃铛叫我来，菜地准被你糟蹋完。"看见骡子落荒而逃，主人高声叫骂道："这次给你个教训，下次再敢糟蹋菜园，看我不打折你的腿！"

没多久，快过年了，骡子拉着一辆大车跟主人去城里办年货。傍晚时分，只听"叮当，叮当"，一阵脆响，引得一些乡亲们竖起大拇指夸奖道："嗬，好一头结实顶用的骡子，拖这么多货物跑了一天，还那么精神抖擞。听，配上这清脆悦耳的铃铛声，多有气魄！""叮当，叮当。"铃铛听了这番话，响得更加起劲了，像是说："对的,对的,骡子了不起！"骡子耸起耳朵听了这些话,满心喜悦。突然,它望见了菜园,心里感到隐隐作痛,立刻不高兴地责问铃铛道："你发出的是同一个声音,为什么一时出卖我,一时又吹捧我？"

"我的好朋友,请你听清楚。"铃铛含笑地解释道,"你和我,都要对自己的言行负责。你犯错误时,我发出警告,为的是挽救你,不让你越陷越深；当你干得对时,我理所当然地赞扬你,为的是激励你取得更大的成绩啊！"

哲思 真正的朋友,就是那些敢于坚持原则,既能肯定我们的优点,又敢于和善于指出我们的错误的人。和这样的人在一起,我们才能不断完善自己,获得进步。那么,为了那些关心爱护我们的朋友,我们是不是也应该做一个这样的人呢？

二次创业

帮助身处困境中的朋友

老李经营的一家报关公司因卷入一场官司,一夜之间破产了。老李辛辛苦苦在北京奋斗了十几年的成果,在一瞬之间付之东流。那段日子,老李的心情坏到了极点,他除了每天借廉价的"二锅头"消愁外,想不出任何重振昔日雄风的办法。

"500多万的公司一下子就什么都没了,执照吊销了,员工们树倒猢狲散,要想翻身,难啊。"在一次朋友的聚会上,老李叹着气说。在座的很多朋友除了说一些安慰的话外,就是陪着老李一起诉苦,生怕老李找他们借钱。

"还是开报关公司,你的老客户不是还在吗？场地的问题我来解决,我的酒店反正也难得几天住满,就给你腾出两间作办公室,租金等你赚了钱再说。"经营酒店的朋友吴总发言了。

"注册资金你先拿我手上的闲钱去用……"又一个朋友说。

没想到他平常不怎么联系的两位朋友能在关键时刻鼎力相助,老李真是不知说什么好。就这样,在朋友的帮助下,老李仅仅用了半年的时间就完成了二次创业,又重新开了一家报关公司。

现在的老李,又是一个开着奔驰、人称"李总"的老板了。而他的那两位"患难朋友"也得到了老李大力的资助。

哲思 原本"什么都没了"的老李,因为有那两位真朋友在,所以还能重新站起来,走出人生的一片新天地来。生活中,当我们碰到正处失意的朋友时,千万不要置之不理,有时也许帮不上大忙,可是你可以给他一些知识上的启发、说一些鼓励的话语,让他尽快地走出困境。那一个人都不可能一直处于困境,一旦那些人走出了困境,他就会报答曾经给予他帮助的人,难道你不希望那些人当中有你吗?那就赶快伸出友谊的手,去帮助那些处于困境中的朋友吧!

管 鲍

友谊,就是真正的相互扶持

春秋时代,齐国著名的宰相管仲,辅佐齐桓公,使齐国成为东方的霸主。管仲有一个从小就在一起的好朋友,叫鲍叔牙,由于两人亲密无间,后世将管仲和鲍叔牙合称为管鲍。

在管鲍年轻的时候,他们曾经合伙做生意。鲍叔牙生在一个富裕的家庭,而管仲则出身贫寒,于是在出本钱的时候,鲍叔牙出了一大半,在分红利的时候,鲍叔牙又总是拿一小半。认识他们的人都觉得鲍叔牙糊涂,吃了大亏,愤愤地说:"鲍叔牙你可真糊涂啊!你跟管仲两个人合作买卖,表面说是合作,其实本钱多数是你出的,那么赚了钱,管仲凭什么多分呢?至少也应该一人得一半啊!"

可是鲍叔牙却回答说:"你们不明白,管仲的家境不好,他有老母亲要奉养,多拿一些是应该的。"这番话,让那些在两人背后说三道四的人,再也无话可说。

　　管仲和鲍叔牙也曾经一同上过战场。在打仗的时候，管仲总是躲在最后面，表现得一点都不勇敢，人们都对管仲很不满。鲍叔牙知道这件事之后，就为管仲辩护道："管仲之所以不肯拼命，是因为他的母亲年纪大了，他又是家里的独子，万一他有个三长两短，他的母亲可怎么办啊！"

　　后来管仲也曾经做过几次官，每次都因为表现不好而被免职了，大家都耻笑他。而鲍叔牙知道这事之后，就对人们说："其实，管仲并不是不能干，只是运气不好，没有碰到能够赏识他的明主。这些小事不适合他来做，他可是一个做大事的人啊！"

　　再后来，管仲辅佐公子纠又失败了，而鲍叔牙辅佐的公子小白却接掌了齐国的政权，公子小白就是后来成为春秋五霸之一的齐桓公。齐桓公即位后，立刻请来鲍叔牙，告诉他说："我们国家经过这么久的混乱，现在总算安定下来，为了使全国百姓以后能好好过日子，我要请您做宰相，帮助我治理国家。"想不到，鲍叔牙竟然拒绝了。他对齐桓公说："感谢您如此地看重我，要我做宰相。只是，我的能力实在无法担当这么重大的责任。"

　　"您不肯帮助我，我怎么能治理好国家呢？"

　　"大王，我推荐一个人，齐国当中没有人比他更适合做宰相了。"

　　"谁？"

　　"管仲！"

　　"管仲？这个人我恨不得杀了他，您还要我请他做宰相？"

　　"大王，当时管仲要谋杀您，是为了公子纠的缘故。他辅佐的是公子纠，当然希望公子纠能够做齐国的国君，而您是公子纠的竞争对手，所以他只好想办法除掉您，并不是他对您个人有什么仇恨啊，您应该懂得各为其主的道理啊！"

　　"这……"

　　"大王您想不想使我们齐国强大起来，成为天下的霸主呢？"

　　"当然想啊！"

　　"那么您一定要忘掉过去不愉快的事，任用管仲，只有他才能够帮助您达到这个理想。"

"好吧！"于是，齐桓公接受了鲍叔牙的建议，以最隆重的礼仪，请管仲来做宰相。管仲被齐桓公不计前嫌的诚意打动了，爽快地答应了他。果然，齐桓公在管仲的辅佐下，将齐国治理成富足强大的国家。

后来，管仲曾对人说："生我，养我的是父母，可是了解我，帮助我的，却是鲍叔牙呀！"

哲思 真正的友谊不是表面上的公平和互利，而是发自内心的互相扶持，是一种关心，一种理解，一种不遗余力的支持，一种最大限度的谅解。我们常说，是鲍叔牙成就了管仲，但鲍叔牙在两千多年后的今天仍能为人们所熟知，不也是因为管仲成就了他吗？

"红顶商人"胡雪岩

朋友，就是要投桃报李

胡雪岩本是浙江杭州的小商人，他不仅善经营，还会做人，颇通晓人情，懂得"惠出实及"的道理，常给周围的一些人小恩惠。但胡雪岩天生是个做大事的人，小打小闹不能使他满意，他一直想成就大事业。他心里很明白，在中国，一贯重农抑商，单靠纯粹经商是不太可能出人头地的。大商人吕不韦独辟蹊径，从商改为从政，名利双收，所以，胡雪岩亦想走这条路子。

王有龄是杭州府的一个小官吏，很想往上爬，但又苦于没有钱作敲门砖。胡雪岩与他亦稍有往来，随着交往加深，两人发现他们有共同的目的，可谓殊途同归。王有龄对胡说："雪岩兄，我并非无门路，只是手头无钱，十谒朱门九不开。"胡雪岩说："我愿倾家荡产，助你一臂之力。"王有龄说："如果有朝一日我富贵了，绝不会忘记胡兄的恩德。"

胡雪岩变卖了家产，筹集了几千两银子，送给王有龄。王去京师求官后，胡雪岩仍操其旧业，对别人的讥笑并不放在心上。

几年后，王有龄身着巡抚的官服登门拜访胡雪岩，问胡有何要求，胡说："祝贺你福星高照，我并无困难。"

王有龄也是个讲交情够朋友的人，胡雪岩当年倾家荡产帮他，他不可能不报答胡雪岩。于是，王有龄利用职务之便，令军需官到胡雪岩的店中购物，得到了官府庇护的胡雪岩的生意越来越好、越做越大。他与王的关系亦更加密切。

哲思 古人早就说过："投之以木桃，报之以琼瑶。"胡雪岩在朋友身上付出了很多，但朋友所带给他的回报又何止他当年付出的千倍万倍？胡雪岩深知，今天，他给朋友的是一滴水，他日，朋友将以涌泉来相报。

漂亮的表妹

亲君子，远小人

一天清晨，蜗牛竖着一对触角，背着硬壳，在旷野上趾高气扬地爬行着。当蜗牛经过一只蛹的身旁时，蛹热情地跟他打招呼说："早上好！表兄！"

蜗牛听了蛹的问候，没好气地大声问："喂，你长得那么丑，怎么好意思叫我表兄呢？我们什么时候成亲戚啦！你怎么能跟我相提并论呢？"蜗牛显得很傲慢："我有房子，你有吗？"

说罢，蜗牛瞧也不瞧蛹一眼，旁若无人地往前爬去。

几天以后，那只蛹蜕变成了一只长着金翅膀的蝴蝶。

蜗牛见到蝴蝶，想起了那只蛹。他等着蝴蝶主动问候，但蝴蝶在花丛中飞来飞去，却装作没看见蜗牛。最后，蜗牛实在忍不住了，先开口同蝴蝶打招呼说："漂亮的表妹，你在忙什么呢？怎么对你的表兄不理也不睬。"

"哦，蜗牛先生，我什么时候又成了你的表妹了呀？"蝴蝶冷淡地说，"想当初，当我还是蛹的时候，你不是瞧不起我，不愿意与我为伍吗？现在我能飞了，有自己的事情和伙伴们了！"

哲思 亲君子，远小人，这是交友的原则。像故事中的那只蜗牛，就是典型的势利小人。在生活中，我们也应该对这样的人提高警惕，不要与他们走得太近，因为他们很可能只因为一点点蝇头小利就出卖你。当然，遇到这样的人，我们只是敬而远之就好了，万不要轻易与他们为敌，这种人做事不择手段，惹上这样的冤家对头是很麻烦的。

小鹿与羚羊

友情也需要空间

住在东山上的小鹿和住在西山上的羚羊是一对非常亲密的好朋友。由于两家住得远，所以他们每次见面，都要送给对方一些好吃的。每次见面，小鹿和羚羊之间好像总有讲不完的知心话。

后来，小鹿和羚羊长大了，离开了自己的家，于是他们干脆住到了一起，每天一起吃草，一起去河边玩耍。然而出人意料的是，随着时间的推移，这对住到了一起的好朋友之间却开始慢慢地疏远了，甚至开始互相挑剔起对方的毛病来。终于，在一次口角之后，两个好朋友动起手来。

"唉，你们这是怎么了？不住在一起时，总是朝思暮想；现在倒好，距离近了，却几乎成了陌生人了！真是搞不懂你们俩！"它们的邻居山羊叹息道。

哲思 "距离产生美"这句话一点没错。在远处看着互有好感的两个人一旦开始低头不见抬头见，双方的一切就都暴露在了对方的视线之下，神秘感消失了，牵挂没有了，接触多了，缺点多了，摩擦与冲突也就多了起来。因此，很多时候，朋友之间并不是距离越近，关系就越"铁"。让我们回想一下吧，我们能常常记起的、常常祝福的、常常牵挂的，不恰恰是千里之外的那些朋友吗？

熊来了

患难见真情

有一天,两个朋友动身去外地办事。为了不耽搁时间他们决定走近路,穿越一座茂密的大森林,然后便可直抵目的地。

两个朋友一边走,一边兴致勃勃地聊着天,商量今后如何合伙做生意。

突然,有一头熊迎面向他们冲来。其中一个人立即撇下自己的朋友,飞快地跑向最近的一棵大树,然后迅速地爬上去,隐藏在稠密的树叶里。另一个人眼看着自己已来不及逃走,只得躺倒在地装死。

熊跑了过来,低头嗅着他。他极力屏住呼吸,一动也不动,因为他曾听人说过,熊是不吃死人的。

果然如此,熊在嗅了嗅他的脸,又闻了闻他的耳朵后,号叫一声,就慢慢地离开了,不一会儿便消失在森林里。

这时,他的朋友从树上滑了下来,走到他身旁,问:"那头熊趴在你耳边,对你说了什么?"

"它叮嘱我:遇见危险自己逃的,不是真朋友。患难才能见真情啊!"他回答说。

哲思 我们每个人,都有很多朋友,但这些朋友究竟是酒肉的假朋友还是患难的真朋友?在平常喝酒吃肉的时候,假作真时真亦假,我们的确不易分辨,只有在我们遇到了困难的时候,那些真朋友才会显出他们的与众不同之处。患难见真情啊!

季雅与吕僧珍

选一个道德高尚的好朋友

南朝时期,有个叫吕僧珍的人,生性诚恳老实,又是饱学之士,待人忠实厚道,从不跟人家耍心眼,因此人缘极好。吕僧珍的家教极严,他对每一个晚辈都耐心教导,严格要求,注意监督,所以形成了优良的家风,家庭中的每一个成员都待人和气、品行端正,甚至连赶车的马夫和看门的小厮都不例外。在当时,全国都知道吕僧珍全家都是正人君子。

南康郡守季雅是个正直的人,他为官清正耿直,秉公执法,尤其看不惯官场中人那套吹牛拍马尔虞我诈的嘴脸。为此他得罪了很多人,就连很多朝中高官都视他为眼中钉、肉中刺,总想除去这块心病。在那些贪官污吏的联手迫害下,季雅被革了职。

季雅被罢官以后,对于功名利禄已经是心灰意冷,他决定去做一个富家翁,再也不想涉足官场了。但是,既然被罢了官,也就不能继续住在官邸里面了,搬到哪里去住好呢?季雅不愿随随便便地找个地方住下,他颇费了一番心思,四处打听,看哪里的住所最符合他的心愿。很快,他想到了吕僧珍是一个真正的正人君子,一定能成为自己的好邻居,好朋友。

于是他每日都去吕僧珍家附近转悠,发现吕家子弟个个温文尔雅、知书达理,果然名不虚传。说来也巧,吕家隔壁的人家要搬到别的地方去,打算把房子卖掉。季雅赶快去找这家要卖房子的主人,愿意出五百金的高价买房,那家人很是满意,二话没说就答应了。

季雅住下了之后,吕僧珍过来拜访这位新邻居。两人寒暄一番,谈了一会儿话,吕僧珍问季雅:"先生买这幢宅院,花了多少钱呢?"

季雅据实回答,吕僧珍很吃惊:"据我所知,这处宅院已不算新了,也不大,根本不值五百金的高价啊!"季雅笑了,回答说:"我这钱里面,一百金是用来买宅院的,四百金是用来买您这位道德高尚、治家严谨的好邻居的!"

哲思 季雅虽然不懂心理学,但饱读诗书的他却也懂得找一个好邻居做朋友,对自己、对自己的家人有多么重大的意义。因此,我们在与人交往的过程中要选择那些心态健康、积极向上的人做朋友,而不是根据自己的意愿和习惯随意选择。

刺猬取暖

就算再好的朋友,也不要过分亲密

一场大雪悄然而至,森林里的刺猬冻得直发抖。为了取暖,它们只好紧紧地靠在一起,但却因为忍受不了彼此的长刺,很快又各自跑开了。

可是,天气实在太冷了,它们又想靠在一起取暖了。然而靠在一起时的刺痛,又使它们不得不再度分开。就这样反反复复分了又聚,聚了又分,它们不断地在受冻与被扎这两种痛苦之间往复挣扎。

最后,刺猬们终于找出了一个适中的距离,既可以相互取暖又不至于彼此伤害,终于在这样的互相帮助中度过了漫长的寒冬。

哲思 聪明人在交友时,一定会给彼此留下一些空间,不会因为关系好而失了分寸,口无遮拦。古人常说"君子之交淡如水"就是这个意思。所以,为了友谊,为了人生,在人际交往中要和朋友保持一定的距离,避免因过分亲密而失去朋友。

李四的朋友们

别戴着有色眼镜看人

有两个年轻人张三和李四一同去朋友家赴一个宴会。

当他们来到河边,一只螃蟹爬过来说:"让我跟你们一同去吧,我想看看人类的宴会是什么样子,我不会跟你们添麻烦的,我走路很快。如果你们遇到什么麻烦,我还可以帮助你们。"

"去去去!我可从来没见过横着走路的家伙。快离我远点吧,你会给我丢人的!再说,就算我们真的遇上了麻烦,你又能帮得上什么忙。"张三不耐烦地说。

李四却不像张三那样,他说:"你的模样是世界上独一无二的,我很乐意带着你,你跟我走吧,朋友。"螃蟹高兴地跟在李四后面。

当他们来到山脚下,一只跛腿的狐狸跑过来说:"请带上我吧,我想去看看人类的宴会是什么样的,我虽然腿瘸了,但我保证能跟上你们的脚步。而且我说不定能帮上你们什么忙。"

"离我们远点,瞧你那模样,又跛又骚,熏死我了,快走开。"张三掩着鼻子对狐狸怒喝道。

李四却对狐狸说:"你的模样是世界上独一无二的,我很高兴带着你,你跟我走吧,朋友。"跛腿狐狸感激地跟在李四后面。

当他们来到一座农场,一根稻草绳跑过来说:"让我跟你们走吧。我想去看看人类的宴会是什么样子,我不会连累你们的,我走路很快。"

"去去去,看你那模样,瘦骨嶙峋的,还拖着一条长长的尾巴,你肯定是被人抛弃在这里的,还是离我远远的吧,不然,我一把火烧了你。"张三厌恶地对稻草绳说。

可李四却说:"你的模样是世界上独一无二的,你跟我走吧,我很乐意带你去参加朋友们的宴会。"稻草绳感激万分,它紧紧地跟在李四的后面。

张三和李四来到朋友家。出人意料的是,朋友竟然不在家。突然,从路边冲出来一只熊,熊说:"我已经在昨天把这个屋子里的主人吃掉了,我就知道今天还有人会送上门来!"说完张开大口,扑向张三,一口咬断了他的脖子。

待熊扑向李四时,跛腿狐狸连忙放出一个臭屁,熏得那只熊头晕脑胀。正晃悠间,稻草绳上前紧紧地捆住了它。螃蟹上前夹断了它的舌头,夹瞎了它的双眼,夹断了它的喉咙。李四上前剥了熊皮,把熊掌煮熟吃了,然后扛着熊皮,带着他的三个朋友,回家去了。

哲思 朋友没有贵贱之分,无论对方的地位是尊贵还是卑微,我们都不应戴着有色眼镜去看他们,而应该一视同仁。真诚地对待他们,并给予力所能及的帮助。要知道在遇到困难时,那些看似卑微的朋友,往往成了我们最大的救星。

沉默的狗

真正的朋友,是平时沉默,关键时拉你一把的人

傍晚,一只羊独自在山坡上玩耍。突然从树丛中窜出一只狼来,想要吃羊。羊跳起来,拼命用犄角抵抗,并大声向朋友们求救。

牛在树丛中向这个地方望了一眼,发现是狼,扬蹄跑走了;马低头一看,发现是狼,一溜烟跑了;驴停下脚步,发现是狼,悄悄溜下山坡;猪经过这里,发现是狼,冲下山坡;兔子一听,更是箭一般地钻回了自己的洞里。

只有山下的狗听见羊的呼喊,急忙奔上坡来,从草丛中闪出,一下咬住了狼的后腿。狼疼得直叫唤,趁狗换气的时候,仓皇逃走了。

羊大难不死,刚回到家,朋友们就都来了,牛说:"你怎么不告诉我?我的犄角可以剜出狼的肠子。"马说:"你怎么不告诉我?我的蹄子能踢碎狼的脑袋。"驴说:"你怎么不告诉我?我一声吼叫,吓破狼的胆。"猪说:"你怎么不告诉我?

我用嘴一拱,就让它摔下山去。"兔子说:"你怎么不告诉我?我跑得快,可以传信呀。"只有狗,默默地蹲在一旁守护着动物们。

哲思 真正的友谊,不是花言巧语,而是关键时候伸出来拉你一把的那只手。那些整日围在你身边,让你有些许小欢喜的朋友,不一定是真正的朋友。而那些看似远离,实际上时刻关注着你的人;在你得意的时候不去奉承你,在你危难的时候默默为你做事的人——才是你真正的朋友。

青蛙的悔恨

交朋友别太势力

夏天来临的时候,蝌蚪的尾巴逐渐消失,变成了青蛙。虽然可以到地上去了,但青蛙却不知足,他羡慕天上的飞鸟,希望有朝一日自己也能在天空中翱翔。于是,青蛙向他的邻居癞蛤蟆请教上天的办法。

癞蛤蟆说:"你要想上天,办法只有一个:巴结天上的仙鸟——天鹅或者凤凰,让它们助你一臂之力。"青蛙牢牢记住这句话,只是苦于自己所在的水塘实在是太小了,一直没有仙鸟肯降临在这里。

这天,青蛙突然发现一只天鹅落到池塘边,这可把青蛙乐坏了,多年的心愿终于有可能变成现实了。于是,青蛙连忙提上早已准备好的小虾小鱼,上前搭话。

"一点薄利,不成敬意,还望……"青蛙有求于天鹅,于是摆出一副谄媚的神态,就像臣民见了皇帝。天鹅大受感动:"难得你一片孝心,自打我受伤以来,你还是第一个来看我的哩。"

"受伤?"青蛙抬眼看去,这才发现天鹅一只翅膀耷拉着,鲜红的血把羽毛都浸透了。青蛙心里一凉,觉得自己真倒霉。心情一变,说话的神态和语气也发生了变化。青蛙对着受伤的天鹅鄙夷地说:"看望你?孝敬你?我图个啥哟!"说完,他带上自己的礼品,三蹦两跳不见了。

青蛙回去后，越想越窝囊，过了几天，它又来到天鹅跟前，打算奚落它几句，以泄心头之气。哪料还未开口，只见天鹅展开翅膀，凌空飞去了。青蛙后悔莫及，不住地埋怨自己："我真糊涂！我真糊涂！怎么没想到它还有再上青云的这一天哩！"

哲思 有求于人就一脸谄媚，看到别人落难就将其一脚踢开，真是一只势力的青蛙啊！人与人之间，只有真诚相待，才是真正的朋友。谁要是眼里只有自己，只有自己的利益，把朋友当成自己的工具的话，他这一辈子都不可能交到一个真正的朋友！

"狡猾"的狐狸

永远别背叛自己的朋友

从前，有一只狐狸和一头毛驴，他们是非常要好的朋友。有一次，狐狸生病了，毛驴到处找食物给狐狸吃，狐狸在毛驴的精心照顾下，很快恢复了健康。为此，狐狸很感激毛驴，并发誓说："毛驴大哥，我以后一定会好好报答你。"

毛驴相信了狐狸的话，从那以后，他们两个更亲密了。毛驴只要找到了好吃的，就留一半给狐狸，还真心诚意地对狐狸说："兄弟，只要我们俩团结一致，互相帮助，就没有战胜不了的困难，也不用再惧怕森林中的狮子了。""就是，就是，有毛驴大哥在，我什么都不怕！"狐狸边啃着毛驴送来的食物边说。

一天，狐狸和毛驴结伴到森林里寻找食物。在路上它们碰到了狮子。见到狮子，狐狸吓得够呛，于是灵机一动对狮子说："狮子大王，那头毛驴跑得很快，您可不见得能追上他，要不我们做一笔交易吧，只要我帮你捉住了毛驴，你就放了我。您看怎么样？"

毛驴听后，生气地对狐狸说："现在大敌当前，我们只要齐心协力，肯定能战胜狮子，可你怎么能出卖我呢？"

"毛驴大哥,我有办法战胜狮子,我这是骗他呢!你照我说的做准没错!你看,那边有个大坑,你跳进去躲起来,狮子交给我来对付就行了。"狐狸故意压低声音对毛驴说。

"谢谢你,好兄弟。"毛驴感动地掉下了眼泪,毫不犹豫地跳进了那个深坑里。

"尊敬的大王,我已把那该死的蠢毛驴骗进了深坑里,您随时可以抓住他。那么现在,我是不是可以走啦?您快去享受您的美餐吧!"狐狸向狮子谄媚道。

"呸,毛驴已逃不掉了,早晚我会吃掉他,现在,我要吃的是你!"说完,狮子猛扑上去,咬死了狐狸。

哲思 朋友如手足,我们要像爱惜自己那样爱惜自己的朋友。事实上,那些出卖朋友、背叛朋友的人,其自身往往也没有好的下场,就像寓言中的狐狸一样,自己也成为了狮子的盘中之餐。所以,不管自身的情况如何,我们都应该记住:朋友是手足,永远也不能背叛。

贪婪的牧羊人

新朋友老朋友要一视同仁

牧羊人在傍晚把羊群赶回栏里时,发现里面掺着几只野山羊,就把它们和自己的羊关在一起过夜。

第二天,下起了大雪,牧羊人无法把羊群赶到外面去放牧,只好把它们关在羊圈里,给它们吃以前准备的草料。牧羊人很想引诱野山羊留下来,成为自己的羊,于是就给这几只野山羊很充足的精饲料,给自己的山羊吃的饲料却不过是一些草根,且只够勉强充饥。

过了几天,雪融化了,牧羊人把全部的羊赶到外面去放牧。几只野山羊一下子就迅速散开,朝山里跑去。

"你们这些忘恩负义的东西,下雪时我特意照顾你们,饿着自己的羊,今天你们竟然用逃跑来报答我……"牧羊人气得捶胸顿足,破口大骂。

"就因为这个原因,我们才逃跑的。昨天你对我们比对你养了很长时间的羊还好,很明显,你居心不良。将来,如果有另外的羊来跟你,你也会对它们比对我们更好的。"一只野山羊转身回敬牧羊人道。

而就在牧羊人大骂野山羊的时候,他所养的羊也因为痛恨主人的贪婪和不公,一溜烟跑向山里去了。

哲思 有一首脍炙人口的歌是这样唱的:"结识新朋友,不忘老朋友。"为什么不能忘老朋友?因为只有这样才会"多少新朋友,变成老朋友"。老朋友是历经时间考验的朋友,是我们人生路上一笔宝贵的财富。因此,不管我们有多忙,都要在节日或朋友生日那天,打个电话,发则短信,致以祝福。让朋友们感受到我们对他的关怀。

老人与熊

蠢朋友,害死人

深山老林里,住着一只孤独的熊。从出生到现在,它从来也没交到过一个朋友,常年过着孤独无友、寂寞凄凉的生活,它心情忧郁,常常产生烦躁的情绪。

林子边上,住着一个孤独的老人。老人一辈子孤身一人守着这片森林,虽然他爱这里,但由于没有感情交流的对象,内心也感到十分地空虚寂寞。

一天,老人去森林里巡视,与那头熊不期而遇。老人心中害怕,正在准备避让时,熊客气地问:"你是来看我的吗?"

"是的,朋友,我想请您到我家吃顿便饭。家中现有牛奶和水果,这也许不合您的口味,但我会尽量找些适合您吃的食物。"老人小心地回答说。

熊欣然接受了老人的邀请,跟在老人的后面,往他家里走去。在短短的路程中,两个孤寂的心互相理解,他们很快成了好朋友。

后来，一人一熊干脆住到了一起。老人与熊每天都会去森林里巡视，一路上，熊还可以捕捉到不少猎物，解决他们的温饱问题。与此同时，熊还兼有个非常重要的任务，就是在老人睡着时，帮助他把脸上的苍蝇赶走。

这天，老人酣睡正浓，一只苍蝇叮在他的鼻尖上，熊想尽办法也没赶走这只苍蝇，于是，熊的火爆脾气发作了。"今儿个我非收拾了你不可！"话音刚落，熊抱起一块石头照准苍蝇砸了过去。苍蝇死了，然而老人的脑袋也被熊砸开了花。

哲思 熊虽然是个忠实的朋友，但它没有头脑，所以老人才会死于熊的"好意"。我们可以交傻朋友，我们可以交笨朋友，但我们绝对不能交这样的蠢朋友。因为一个愚蠢的朋友有时就会和敌人一样危险，更可怕的是，这是一个我们永远也不会想到去防着的"敌人"。

猫和老鼠做朋友

交友不慎害死人

一只猫结识了一只老鼠。猫信誓旦旦地说它多么爱老鼠，愿意跟它交朋友。老鼠终于同意和它住在一间屋子里，共同生活。

"我们应当准备冬季的食物了，不然我们会挨饿的。"猫说。按照猫的提议，它们买来了一罐猪油，但它们不知道该把罐子放到哪里好。考虑了好久，猫说："藏猪油的地方，没有比教堂更好的了，谁也不敢到那里去拿东西。把罐子藏到祭坛下面，我们不到需要的时候，不要去动它。"等我们实在找不到食物了，再拿它来充饥。

罐子总算藏到了安全的地方了。但是没过多久，猫想吃猪油了，它对老鼠说："我想对你讲件事，亲爱的老鼠，我的表妹生了个宝贝儿子，要请我去做干爹。这只小雄猫一身白绒毛，带有褐色花斑，我得抱它去受洗礼。我今天去一下，你独自把家照管好。"

"行,行。"老鼠回答说,"去吧,上帝保佑你!你要是吃到什么好东西,可别忘了我,我挺喜欢喝一点产妇喝的红甜酒。"但是这一切都是假的,猫既没有表妹,也没有人请它去做干爹。它径直跑到教堂去了,偷偷地溜到那罐猪油旁边,开始舔油吃。它舔去了油上面的一层表皮,然后在市区的屋顶上散了一会儿步,接着便在太阳下舒舒服服地躺下来休息。直到傍晚,猫才大摇大摆地回到了家里。"呵,你回来啦。"老鼠说,"你一定快快活活过了一天。"

"过得很好。"猫回答说。

"那孩子叫什么名字?"老鼠问道。

"叫'去了皮'。"猫冷冰冰地回答。

"'去了皮'?"老鼠叫道,"这可是一个奇怪而少见的名字。你们猫常用这个名字吗?"

"这有什么稀奇?"猫说,"它不比你的干爹们叫'偷面包屑的'更坏呀。"

没过多久,猫的嘴巴又馋起来。它对老鼠说:"你得帮帮我的忙,再单独看一次家,又有人家请我去做干爹了。由于那个孩子脖子上有一道白圈,所以我不能推辞。"善良的老鼠同意了。猫却悄悄地从城墙后面走到教堂里,把罐子里面的猪油吃去了一半,一边吃还一边自言自语地说:"再也没有比自己单独吃东西的味道更好了。"吃过猪油之后,它心满意足地回家了。

到家后,老鼠问道:"这个孩子叫什么名字?"

"叫'去了一半'。"猫回答说。

"'去了一半'?你在说什么呀,这种名字我平生还没有听见过。我敢打赌,历史书上都没有这个名字。"猫打着饱嗝,没有理会老鼠的抱怨。

不久,猫又对那美味的猪油垂涎三尺了。它对老鼠说:"好事必成三,我又要去做干爹了。那孩子浑身乌黑,唯有爪子是白色的,除此,全身没有一根白毛。这可是几年才碰到一次的事,你让我去吗?"

"'去了皮'!'去了一半'!"老鼠说,"都是些非常奇怪的名字,这真叫我费解。"

"你呀,穿着深灰色粗绒外套,拖着长辫子,整天坐在家里,心情自然会郁闷,那是因为白天不出门的缘故呀!我看啊,你出门散散心,心情就好了。不过你可千万别跟着我,我那些亲戚是最爱吃老鼠的。"

猫走后,老鼠便打扫房屋,把家里弄得很整洁。而那只馋嘴猫却把一罐猪油都吃光了。到了晚上,猫吃得胀鼓鼓地回到家里。老鼠马上问孩子的名字。"你可能也是不会喜欢的。"猫说,"它叫'一扫光'。"

"……'一扫光'?"老鼠惊叫了起来,"这是一个很难理解的名字,我在书上还没有看见过。一扫光,这是什么意思?"猫摇摇头,蜷起身子,躺下睡觉了。

没有了猪油,也就没有刚出生的小猫来让猫当干爹了。冬天到了,外面找不到半点吃的东西,老鼠想到它们储存的东西,便说:"走吧,猫,我们去吃储存的那罐猪油吧,那东西一定很好吃。"

"是的,"猫答道,"一定合你的口味,就像你把伶俐的舌头伸到窗外去喝西北风的滋味一样。"它们动身上路了。到了那里,罐子尽管还在原来的地方,但却早已空空如也。

老鼠恍然大悟:"现在我知道是怎么一回事啦,你真不愧是我的好朋友!你假装去做什么干爹,却把猪油全都吃光了:先是吃皮,然后吃了一半,以后就……"

"你给我住口!"猫叫道,"再说一个字,我就吃掉你!"

但是"一扫光"几个字已经到了可怜的老鼠嘴边。话刚一出口,猫就跳了过去,一把抓住了它的"朋友",把可怜的老鼠给吃了。

哲思 交友不慎害死人,这样的教训比比皆是。人生在世不能没有朋友,但交什么样的朋友,对一个人的成长与进步关系重大。晚清名臣曾国藩认为:"一生之成败,皆关乎朋友之贤否,不可不慎也。"老鼠是老鼠,猫是猫,它们天生就不是一条道上的。老鼠非要火中取栗,与猫交朋友,到头来只有害了自己。好朋友可以给你的工作、生活和事业带来很多帮助,坏朋友却会给你的人生和事业带来烦恼和厄运。

苍蝇的朋友

交友求质不求量

一只苍蝇骄傲地对蝴蝶炫耀道:"瞧,我的人缘多好啊! 用朋友遍天下来形容最恰当不过了。而你的人缘就很差,只有小蜜蜂愿意跟你做朋友,难道你不觉得可悲吗?"

"的确,你的朋友是比我多,但它们要么是蟑螂,要么是蚊子,要么是臭虫,没有一个是品质高尚的,因此人类对你们深恶痛绝,并把你们列为除害的对象。而我呢,虽只有小蜜蜂一个,但它却能酿出甘甜的蜜,能造福人类。你仔细想想,到底咱们两个谁更可悲?"蝴蝶回答说。

哲思 人们常说"多一个朋友,多一条路"。其实,这话绝对了一点。朋友多了。有可能是好事,但如果我们像苍蝇那样,交的朋友全是些蟑螂、蚊子、臭虫之类的家伙的话,那我们还是不交朋友的好。因为这样的朋友除了能把我们带坏以外,不会给我们带来什么好的影响的。所以说,交友求质不求量,朋友多和好朋友多,完全不是一回事啊!

驴子交友

从一个人的朋友身上就可以看出他的品质

智子在牲口交易市场上转悠,最后看中了一头驴。他走上前去将驴检查了一遍后,问驴的主人:"我能试用一下吗?"

"你要试用多长时间?"

"只要一天就行。"

"如果只是一天,没什么问题。"

智子牵着驴回了家,把驴赶进了驴棚。

第二天一早,智子走进驴棚,一眼就看见那头新驴正同驴棚里最好吃懒做的一头驴打得火热。智子二话不说,牵着那头驴就去了牲口交易市场。

"我不想买这头驴了!"智子对卖驴的人说。

"为什么?这头驴有什么问题吗?"驴的主人纳闷地问道。"我不需要再试用了,因为我发现,它一进驴棚,就和最好吃懒做的一头驴交上了朋友!"智子解释说。

哲思 人们常说"物以类聚,人以群分",意思是人都喜欢和同类的人在一起,因为他们价值观相近,合得来。所以性情耿介的人和投机取巧的人合不来;喜欢酒色财气的人也绝对不会跟自律甚严的人成为好友。因此,从一个人跟什么样的朋友打交道中就可以看出这个人的品格。

小老鼠找朋友

交友切忌以貌取人

有只小老鼠没见过什么世面,有一天它回家跟自己的妈妈说:

"妈妈,刚才太恐怖了!我简直被吓坏了!我遇见了一个用两条腿走路的庞然大物,我不知道它是什么动物。它的头上有顶红冠,眼睛特别凶,盯住我看。它还有个尖嘴巴,忽然之间它伸长了脖子,把嘴巴张得非常大,叫出来的声音很洪亮,我认为它是要来吃我了,就拼命跑回家来了。遇到它真是厄运,要不是它,我就和我之前遇到的另一只动物交上朋友了。它的毛和我们的一样柔软,只是颜色是灰白色的,而且脸上也和我们一样,有长长的胡须。它温和的眼睛有点像没睡醒的样子。它很和气地看着我,摇动着它的长尾巴。我想它是要和我说话,当我正想靠近它时,那只可怕的庞然大物却开始喔喔叫了,我只好连忙跑回家了。"

"我的傻孩子,你跑回来就对了。你说的那只凶恶的庞然大物倒不会伤害你,那是只于我们无害的公鸡。反倒是那只毛很柔软的漂亮动物是一只猫,它一口就会把你吃掉,在这个世界上它是我们最大的敌人。"鼠妈妈听完小老鼠的话以后,教育小老鼠道。

哲思 一个有漂亮外表的人,不一定就有善良的心肠;而外表丑陋者之中,也有品德高尚的人。判断一个人是否可以成为结交的对象,必得先观其行,再决定是否结交,切忌以貌取人。

第 10 课

花开无声,爱要经营

爱是生命的渴望,情是青春的畅想,爱情的意义在于:让智慧和勤劳酿造生活的芳香,用期待与持守演绎生命的乐章,用真诚和理解谱写人生的信仰。但是,仅仅是一句简简单单的"我爱你"就是爱情了吗?爱情虽是一种感情,但却需要经营,只有悉心经营自己的爱情,爱情这棵埋藏在两个人心中的幼苗才能够开花结果,长成一棵枝繁叶茂的参天大树。

驯服狮子的女人

善待自己的另一半

一个女人深爱着她的丈夫，但她的丈夫却已经不再爱她了。于是，她乞求神给她帮助，教会她一些吸引丈夫的方法。

神思索了一会儿，然后对她说："我也许能够帮你，但是在教给你方法之前，你必须先从活狮子身上拔下三根毛给我。"

恰好有一头狮子常常来村里游荡，但是它那么凶猛，一吼叫起来男人都吓破了胆，一个女人怎么敢接近它呢？但是为了挽回丈夫的心，这个女人还是想出了一个办法。

第二天早晨，她早早就起了床，牵了一只小羊去那头狮子经常出现的地方，她放下小羊后便回家了。以后的每一天早晨她都会牵一只小羊去送给狮子。没过多久，这头狮子便认识这个女人了，因为她总是在同一时间、同一地点放一只温顺的小羊去讨它喜欢。她确实是一个温柔、殷勤的女人。

之后，那只狮子一见到那个女人便开始主动向她摇尾巴打招呼，并走近她，让她敲它的头，摸它的背。

那女人知道狮子已经完全信任她了。于是，有一天，她小心地从狮子身上拔下三根鬃毛，并激动地拿去给神看。

神很惊奇地问道："你究竟是用什么绝招弄到的？"

女人仔细地讲了经过，神笑了起来，说道："男人就像那头狮子一样，以你驯服狮子的方法去驯服你的丈夫吧！"

哲思 连驯服狮子都可以做到，世间还有什么做不到的呢？我们善待狮子，狮子会对我们友善；我们善待周围的一切，周围的一切都会听从你我的安排，如果我们就是这样做的，还愁不能挽留住丈夫的心，拯救自己的爱情吗？

同心锁

对待爱情勿需刻意，一切随缘

一个女孩因为一次偶然的机会结识了一位外国小伙子，他们相互吸引，并最终深深地相爱了。在结婚之前，女孩决定和那位外国小伙一起去杭州千岛湖旅游。

在岛上，女孩买了一把铜锁，然后让卖锁的工匠在上面刻上她和小伙子的名字。小伙子在一旁微笑地看着他的爱人，眼中充满了款款的深情。字很快刻好了，女孩把锁挂在扶杆上。小伙子不解其意，问女孩为什么不把锁带走，而是挂在这里。女孩解释说："这叫同心锁，这把锁可以把我们的心锁在一起，永远不会分开。"小伙子听了大惑不解，不过女孩兴致很高，他也就没有再追问。

但是，同心锁的事却成了小伙子的一块心病。终于，在回去的路上小伙子提了这样一个问题："为什么两个人要锁在一起？"

女孩说："因为爱呀！"

小伙子问："难道爱就可以限制自由吗？"

女孩笑了："你不懂中国的传统文化，这是一种美好的祝福。"

小伙子的心中更加疑惑："限制自由也是一种祝福？中国的风俗还真奇怪。"

一个多月后，也就是在他们即将举行婚礼的前一个星期，这位外国的小伙子决定暂缓举行婚礼。女孩接受不了自己未婚夫的决定，于是质问那个外国小伙子："你为什么要推迟结婚？难道你不爱我了吗？"

小伙子说仍然爱她，但是他不能接受这份爱情："真是太可怕了，我的一生从此后将要和你锁在一起，两个人的一生怎么可以从此锁定呢？"

听了小伙子的话后，女孩也感到有些后怕："天哪，幸亏他早说出了这些话，原来他根本就没有打算爱我一辈子。"

最终，原本相爱的两个人无缘在一起，他们友好地分手了。

哲思 得之我幸，不得我命！对待爱情勿需太刻意，一切只求随心、随缘。"随"不是跟随，是顺其自然，不怨怼、不躁进、不过度、不强求；"随"不是随便，是把握机缘，不悲观、不刻板、不慌乱、不忘形。爱情是两个人的事，是没有办法强求的，外国小伙子接受不了中国的文化，中国的女孩也理解不了外国人的想法，这就是彼此没有缘分，缘分这东西，是强求不来的。

神秘的送礼人

关爱是经营爱情的最好武器

刘某是一位编辑，虽然经常在一些报纸刊物上发表文章，但始终没有出名。可是在他的家庭生活中，他却感觉到了前所未有的温馨和幸福。

有一段时间，连刘某自己都不知道什么原因，沉默寡言的他总是能收到朋友的礼物，他十分得意，年轻漂亮的妻子则显得有些嫉妒。

情人节到了，令刘某做梦也没有想到的是，他竟然收到了一束娇艳的玫瑰花，而且，玫瑰还是花店的员工亲自送到的，绝对不存在送错的可能。从未收到过玫瑰花的刘某激动万分，他还发现花束中有一张卡片，上面写满了滚烫的情话。

面对妻子充满惊疑的眼睛，刘某只好无奈地说："我也不知道是怎么回事，我真是跳到黄河也洗不清了。"

不料妻子却笑了："呵呵，真是想不到呀，我的老公既然还有这么大的魅力，还有人暗恋，看来当初我真是没有挑错人呀。"刘某暗暗感激妻子的大度，也暗暗感谢送他鲜花的不知姓名的姑娘，是她使自己又感到了被关爱的温暖。

怪事接二连三，刘某的一位校友，不知道什么原因，突然送给他一套名贵的西装，刘某坚决不收，可朋友却扔下就走，还说："我也是受人所托，你不要，我怎么给你处理？"倒是妻子想得开，说道："这不是偷来的，也不是抢来的，是朋友送来的,不要白不要,你就穿上吧。"

转眼一年过去了。一天,刘某接到了当初送衣服那位朋友的电话:"小刘,那套西服怎么样啊?"刘某回答说自己根本没有穿过。朋友沉吟了一会儿说:"好吧,我还是告诉你实情吧,其实那套衣服是嫂子买的,她就是你一直不知道是谁的神秘的送礼人。她不让我告诉你,她说你收到一个陌生人的祝福一定会很高兴。衣服虽然很贵重,但嫂子对你的情更可贵,你好有福气啊,娶了个这么贤惠的老婆,真是羡慕你呀!"

一双胳臂伸了过来,从后面轻轻地搂住了刘某的腰。刘某抚摸着妻子的纤纤素手,感动得热泪盈眶。

哲思 营造甜美的婚姻,关爱是有力的武器之一。爱情就是两个人之间互相关爱,对于相爱的人来说,发自内心的对对方进行关爱并不需要花费太多的精力,一句不经意的关心话就可以激起爱河里的层层涟漪,让我们的爱情历久弥新。

一生相伴

最伟大的爱情就是无论幸福还是痛苦,不离不弃

一个男孩对一个女孩说,如果我只有一碗粥,我宁愿自己挨饿,然后把一半给母亲,另一半给你。于是女孩就喜欢上了这个男孩。

有一次村里发大水,男孩忙着去救别人,而没有去救女孩,女孩靠自己的力量逃了出来。别人问他为什么,男孩说,如果她死了我也不会独自活在这个世上。这一年女孩20岁,男孩22岁,女孩没有因为这件事而怨恨男孩,而是嫁给了他。

闹饥荒的年月,俩人只有一碗粥,他们互相谦让,都想让对方吃下去,最后,他们一人一半。那时他们分别是40岁和42岁。

时光匆匆,又是许多年过去了,他们成了70多岁的老人。在一次坐公共汽

车时，有一位年轻人给他们让座，他们都不肯坐下而让对方站着，于是他们让那个年轻人坐回去了，两个人紧紧靠在一起抓着扶手，就像他们刚结婚时那样甜蜜。

这时，车上所有的人都被这美丽而朴素的场景感染了，充满无限敬意的眼睛，仿佛看到他们心中的玫瑰花正在盛开……

哲思 什么是爱情？人世间最伟大的爱情不是海誓山盟，也不是寻死觅活，而是在平凡中相互勉励与祝福，共同承受生活中的痛苦与磨难、幸福与快乐，不离不弃，一生一世。爱就是付出，就是给予。这就是爱情，真挚的爱情。我们每一个人最终都要变成一把骨灰，但是，爱情将成为赋予生命的永不衰退的使人类世代相传的纽带。只有懂得爱，只有在我们用心去爱去奉献去付出的时候，我们才是一个真正的人。如果我们不懂得爱，不能站在人性美的高度，以无私无畏之心去为别人着想，那我们就永远不会懂得，什么才是伟大的爱情。

爱的匹配

我们需要一个爱自己的人，他不用是世界上最好的

野猪先生和狼先生同时爱上了鹿小姐，这让鹿小姐很为难，不知选择哪一个。最后，鹿小姐说，你们谁得到了这一届森林运动会的全能冠军，我就嫁给谁。

野猪先生和狼先生为了爱情拼命地训练着。在森林运动会上，狼先生胜出，鹿小姐惊喜地跑上前去："亲爱的，你太让我惊喜了，你是最棒的，我决定这一生都和你在一起。"

不料，狼先生却一把推开了鹿小姐："对不起，我成了冠军，有了更能匹配我的伴侣了。我觉得你还是和野猪先生更合适些。"

说完，狼先生就牵着旁边森林之王的千金虎小姐去散步了，只留下鹿小姐一个人呆立在当场。

哲思 生活中,我们常希望自己的另一半是世界上最好的,或者总是想把自己的另一半改造成自己心里最好的。却不曾想到,当所爱的人变成最好的时候,常常会是你失去他的时候,爱情需要双方能力的共同进步。试想,只有一边轮子转动的汽车,能在爱情的康庄大道上驰骋多远呢?

完美丈夫

世上没有完美无缺的人

一位美丽的姑娘想找一个这样的丈夫:英俊潇洒,身体健康,温文尔雅,既不冷淡,又不妒忌;还希望他有很多的财产,有个好门第;再加上聪明机智……总之要十全十美。

许多显贵的男子接踵而至,可那位美丽的姑娘总是看不上,不是觉得他们要么太胖,就是觉得他们太瘦,或者鼻子有缺陷,或者性格有漏洞……总之,这些人全都不是她心中理想的丈夫。她还嘲讽道:"我怎么能嫁给这些人呢?他们的样子太滑稽了。来呀,大家都来看,好好瞧一瞧他们的丑态。"

40年过去了,美丽的姑娘变成了一个风烛残年的老太婆,却还在不停地寻找一个完美的男人。

有人问她:"老奶奶,这么多年了,你还没有找到一个称心如意的丈夫吗?"

老太婆说:"看上过一个。"

"那你为什么不嫁给他呢?"

"唉,那小伙子要找一个完美的女人。"老太婆痛惜地说。

哲思 择偶是人生中一件至关重要的事情。或许每个人的心底都有一个寻找完美伴侣的最高理想,但世界上有完美的人吗?没有,更何况我们本身就不完美。那么,不完美的我们,又何苦去追求或等待一个完美的人?记得一个广告中有一句颇能发人深思的话:"只买对的,不买贵的。"借用人们这种理智的消费观,我们的择偶观也应该是:"只找合适的,不找完美的。"

鹞子求婚

别轻信所谓的海誓山盟

鹰十分忧伤地落在一棵树的枝头。鹞子和它在一起,问它说:"我看你愁容满面的样子是为了什么啊?"

鹰回答说:"我想找一个合适的伴侣,但是找不到。"

鹞子回答它:"让我成为你的伴侣吧,我比你有力气多了。"

"你捉的东西能保证养活我吗?"

"嗯,我常常能用我的爪子捉住鸵鸟并把它抓走。"

鹰被它的话说动心了,接受了鹞子做自己的伴侣。

婚后不久,鹰说:"飞去把你答应过给我的鸵鸟抓回来吧。"鹞子飞上天空,然后抓回来一只小得不能再小的老鼠,并且因为在地里死了太久都发臭了。鹰质问说:"这就是你对我的承诺吗?"

鹞子却回答:"为了能向高贵的你求婚,我没有什么事情不能答应,尽管我知道我不一定办得到。"

哲思 花前月下,尽是情人们的山盟海誓。为了得到情人的心,人们绞尽脑汁。然而,山还是那座山,海还是那个海,多少许诺过的恋人却早已决裂!爱情是两个人互相关爱,婚姻是两个人一起生活,这两件事原本经不起海誓山盟,所以面对那些誓言,我们——一笑而过。甜言蜜语谁都会说,对方的人品才是最重要的。

被磨灭的爱情

别怕,婚姻就是各种琐事的结合体

一对曾经让人羡慕不已的恋人,在结婚一年后却吵吵闹闹地走上了法庭,要求法官判他们离婚。朋友、家人都十分惊讶,同时也觉得两人就这样分手,实在是太可惜了。很多人都想要好好地劝劝他们,毕竟相恋 5 年,不知曾有多少次花前月下,为什么现在突然反目成仇了呢?

妻子委屈地说:"他曾说爱我一辈子,可是现在他只愿意去欣赏那些街上的漂亮女孩,回到家,却都懒得看我一眼,还整天对着我指手画脚,嫌这嫌那。"其实这位妻子很漂亮。在街上同样有极高的回头率。

丈夫生气地反驳道:"你不也一样,无论在哪儿,无论对谁,你都能和言悦色、温柔体贴,为什么一回到家里,对着我,你就总是冷着个脸,絮絮叨叨,强词夺理,变成一个让人讨厌的泼妇?"

一位朋友劝说道:"你们都希望对方永远爱自己,可是却受不了生活中的平凡琐事,自己反省一下是不是这样的原因?你们有很深的感情基础,生活应该多制造一些爱的氛围,平凡的生活也有其独特的魅力,你们还年轻,试着去寻找当年的爱情吧!"

哲思 婚姻永远是由无数个琐碎的细节叠加而成的。所以说,琐碎的生活成就了爱情的永远,在琐碎中发现乐趣,互相谅解,才能让我们的爱情历久弥新,保持永久的新鲜感。

一捧细沙

爱情不能抓得太紧

森林里,小兔子有了自己心爱的男朋友,但小兔子太爱它了,总是害怕有一天自己会失去它。因此,便去向森林里公认的最有智慧的老山羊爷爷请教。

"山羊爷爷,我怎样才能把握住爱情,让我的男朋友爱我一辈子呢?"小兔子问道。

老山羊没有立即回答小兔子的提问,而是蹲下身子,从地上捧起了一把细沙。

"孩子,你看,我手里是什么?"老山羊笑着问。

"老爷爷,你手里是满满的一捧沙呀!"

"哦,你再仔细看看。"老山羊说完,用力将双手紧握,沙子立即从它的指缝间滑落下来。待老山羊张开手时,手里捧着的那些细沙都从老山羊的指缝中溜掉了,老山羊的手里已经所剩无几。

"山羊爷爷,谢谢你!我懂了。"小兔子看着老山羊手里的沙子高兴地说道。

哲思 很多人把经营爱情错当成了抓紧爱情,他们紧紧抓着自己的爱,不敢有一丝的放松。事实上,爱情无须刻意去把握,就如同我们手中的沙子,你愈是想抓牢它,它愈是会从你手中溜走。而当你用心地捧着它、小心地呵护它、宽容地对待它、不给它施加任何压力时,它就会在你手心不会消失。

刹 车

面对不正常的爱情,要勇敢地踩下刹车

女儿18岁生日那天,父亲送给她一辆崭新的轿车作为生日礼物。在将新车的钥匙交给自己女儿的时候,父亲语重心长地说:"别只顾踩油门,要记得踩刹车,而且要踩得恰到好处。"

女儿一直牢记着父亲的话,开车多年,从不曾出过事。

转眼间,十年过去了。在女儿28岁那年,她爱上了一位外貌出众、内涵丰富的男人。不幸的是,这个男人不但已婚,而且一向以"猎艳"为人生乐事。和许多"傻"女人一样,女儿爱他爱得疯狂,她不肯接受这一事实,一颗心狂乱地挣扎着,整个人陷入了绝望痛苦的深渊之中。

心细的父亲,察觉到女儿的消瘦,但他也知道,这个时候讲什么大道理都是没有意义的。于是,聪明的父亲只是轻轻地对女儿说了一句:"记得十年前你生日时我跟你说的话吗?人生有许多时候,该刹车时就要及时刹住,懂吗?"

女儿心头一震,有如被当头棒喝,从此走出了失恋的阴影。

哲思 失恋是那样的痛苦,仿佛自己已经被全世界所遗弃。在这种时候,没有人可以帮助我们。失恋的我们,有如一个被母亲忽略的婴儿,感到莫名的委屈与哀伤,只想痛痛快快地哭泣。那么,就像一个不懂事的孩子嚎啕痛哭吧,泪水对我们的灵魂来说是很好的清洗剂。每个人都会犯错,我们常常会走错一条路,上错一班车,爱错一个人。只需记得走错路及时折回,上错车立即下车,我们就会慢慢变得成熟,并最终找到自己的归宿。

善良的渔翁夫妇

过分的爱只会给别人造成伤害

微山湖中有一个小岛,岛上住着老渔翁和他的妻子。平时,渔翁摇船捕鱼,妻子则在岛上面养鸡喂鸭。小岛很小,就只有这老两口相依为命,除了买些衣物油盐,他们很少与外界往来。

有一年秋天,一群天鹅来到岛上,它们是从遥远的北方飞来,准备去南方过冬的。老夫妇见到这群美丽的白天鹅,非常高兴,因为他们在这儿住了很多年,还没谁来拜访过。善良的渔翁夫妇为了表达他们的喜悦,拿出喂鸡的饲料和打来的小鱼来招待天鹅,于是这群天鹅就跟这对夫妇熟悉起来。在岛上,它们不仅敢大摇大摆地走来走去,而且在老渔翁捕鱼时,它们还随船而行,嬉戏左右。

冬天来了,这群天鹅竟然没有继续南飞,它们白天在湖上觅食,晚上在小岛上栖息。湖面封冻,它们无法获得食物,老夫妇就敞开他们的茅屋让天鹅们进屋里取暖,并且给它们喂食,这种关怀一直延续到春天来临,湖面解冻。

日复一日,年复一年,每年冬天,这对老夫妇都这样奉献着他们的爱心。直到有一年,老渔翁死了,没过多久,渔翁的妻子也随他而去了,第二年,岛上的天鹅也消失了。天鹅消失不是因为老渔翁夫妇死了,它们心头再无挂念,继续南飞,而是因为那年冬天,再也没有人照顾它们了。湖面封冻之后,所有的天鹅都饿死了,一只也没剩下。

哲思 在这个世界上,最伟大的情感莫过于爱,但爱也要有个度。超过了那个度,那爱就有可能变成一种伤害。很多现代夫妻就是这样,他们分明很爱对方,但却不知道如何去有节制地表达,结果他们表达出来的过分的爱不但伤害了对方,也伤害了自己,且加速了婚姻和爱情的消亡。

关在笼子里的金翅雀

爱一个人，就要给他自由和尊重

金翅雀对主人说："主人，为什么你要把我锁在笼子里？为什么不让我在花园里飞翔，不让我在枝头欢跳？你要知道，对于歌声嘹亮的歌手来说，铁笼子虽然舒适却过于狭小了！"

"一旦把你放出去，你就会只剩下两只爪子和一堆羽毛！你要知道，锁住你正是为了保护你，不受猫的骚扰！"主人说。

金翅雀说："既然你这样爱护我，就放我出去，把猫锁在笼子里，岂不更好！"

哲思 因为爱他，所以会黏着他，因为想他，所以也要求他每时每刻都记着你，无数次地说爱你。因为太爱，所以在意；因为在意，所以看管；因为看管，所以猜疑；因为猜疑，所以失望；因为失望，所以伤心；因为伤心，所以分离……爱到天崩地裂的时候，我们甘愿成为情人手上圈养的小鸟或是被驯服的豹，也希望对方如此。然而有一天，爱情中的人们会开始怀念在天空中飞翔和在林中跳跃的日子。如果真心爱一个人，那就应该给他应得的自由和尊重。

鹿小姐的爱

谁也无法从自己不爱的人身上得到幸福

草原上，美丽窈窕的鹿小姐正在欢快地跳着舞。这时，一头年轻健壮的的雄鹿走了过来，用感慨的语气对鹿小姐说："小姐，你的舞姿真漂亮，我想，如果你能参加这次动物王国的舞蹈比赛，一定能夺得冠军的。"

"可是，先生，我连交报名费的钱都没有。"鹿小姐说完，黯然地低下了头。

"哦,是这样啊,我可以帮你想想办法。"鹿先生来回踱步了好一会儿,说:"明天这个时候,你还是在这里等我,我一定为你送来报名费的。"

鹿小姐欣喜若狂:"真的?实在是太感谢你了,参加舞蹈大赛是我一生的梦想!"

鹿先生肯定地回答:"一言为定。"

第二天,鹿先生果然如约而至,当它把钱交给鹿小姐时,鹿小姐突然发现它的头上扎着一块白布,原本两根美丽的鹿茸却不见了。

"你怎么啦,你受伤了?"鹿小姐关切地问。

"哦,没有,我只是……只是昨晚天太黑,不小心把头上的鹿茸撞断了。"鹿先生解释道。

"昨晚的月亮好圆啊,你怎么说天太黑?"鹿小姐揭穿了鹿先生的谎言。

"先生,我之所以愿意接受你的帮助,是因为我认为你是个诚实的人,你是真心想帮我的,而如果我真的得了冠军,我也会用自己的一切来报答你。但现在看来,恐怕你是在欺骗我。"鹿小姐说完,拒绝接受鹿先生的钱,转身欲走。

"请等等。"鹿先生拉住了鹿小姐的手,"我本来不想告诉你的,我怕告诉你实情会增加你的心理负担。其实,我头上的鹿茸是被一个猎人割去了,不过,是我主动去找他的。作为回报,猎人给了我这些钱。我真的想帮助你,因为,我爱你。"

鹿小姐被鹿先生的真心所感动,它们相爱了。

后来,正如鹿先生所言,鹿小姐在动物王国的舞蹈大赛上过关斩将,所向披靡,终于笑到了最后。

鹿小姐夺冠之后,当鹿先生再去找她的时候,却被门卫无情地挡在了门外,门卫告诉鹿先生不要再来找鹿小姐了,然后给了鹿先生一大笔钱。因为现在身为"舞后"的鹿小姐,已经一下子站到了荣耀与财富的顶端,它身边也有了一大批的追求者,其中不乏王公贵族的子孙及商界精英。在鹿小姐的眼里,鹿先生现在不仅清贫还有了残疾,它没有任何资本与"舞后"联姻。鹿先生把那笔钱还给了门卫,掉头走掉了。

后来,鹿小姐嫁给了一位富有的鹿先生。再后来,鹿小姐先后嫁了七次,可是没有一位鹿先生能够真正征服她的心,最后,当鹿小姐年华老去,身边却连一个能说话的人都没有的时候,她绝望地自杀了。

哲思 没有爱的婚姻,犹如建在沙滩上的大厦,日子一久,不用外力,也会自己垮掉。鹿小姐抛弃了自己的爱情,而选择了金钱,但它最终的归宿却告诉我们:你可以用自己不喜欢的方式去赚钱,可以用自己不相信的药去治病,可以用各种理由去拒绝真心爱你的人,但却无法从自己不爱的人身上获得幸福!

比武招亲

容貌,真的没那么重要

动物王国的狮子王有一个公主,狮王视之为掌上明珠。这一年,公主到了出嫁的年纪,于是狮王贴出告示,决定通过比武的方式为公主招亲,胜出者将会成为公主的乘龙快婿,成为动物王国的驸马爷。全国各地的狮子知道这个消息后,都纷纷赶到王宫前报名,发誓要在擂台上战胜对手,赢得公主的芳心。

擂台就设在王宫门前的草坪上。最先上场的是南海狮和北海狮,它们你来我往地打了五十多个回合,南海狮打不过北海狮,被北海狮咬住了脖子,败下阵来,围观的动物们都为北海狮鼓起掌来。就在北海狮得意洋洋之际,东海狮跳上了擂台,三五个回合后,刚刚还趾高气昂的北海狮被东海狮一掌推下了擂台,败下阵来。在动物们的掌声中,西海狮也披挂上阵了……

比赛进行到第四天,擂台上只剩下金毛狮和小灰狮了。它们俩武艺高强,都战胜了不少对手。现在,他们俩已决斗了一百多个回合了,还是打得难分难解,看来,冠军就要在它俩中间产生了。狮王见金毛狮和小灰狮都年轻、威武、气宇轩昂,非常高兴,公主更是乐得满面春风,它撒娇似的对狮王说:"父王,我看就选择金毛狮吧,我喜欢它。"

"为什么?比赛结果不是还没出来吗?"狮王对女儿说。

"父王您看,金毛狮一身金黄色的毛,多英俊,多威风,多有气质呀!那个小灰狮就不起眼,倒像是一只大猫。"

"可是,你看金毛狮,它的掌法凶狠,招招直取小灰狮的要害之处,这种人性格太张狂,我敢断定,你要是嫁给它,它以后肯定会欺负你。"

公主不以为然地说:"哼!它敢?可是,如果不出狠毒的招数,它怎么能战胜小灰狮呢?"

狮王语重心长地说:"孩子,真正的胜者,不是胜在力量上,而是而是胜在仁义上。你看小灰狮,它一招一式都沉稳老练,以防守为主,其实,它如果心狠一点,早就能突袭金毛狮,把金毛狮打成重伤了,但它没有那样做。"

擂台上,金毛狮和小灰狮已战了一千多个回合了,却依然没有分出胜负,眼看日头偏西,狮王只好下令它们停手,说:"我看这样比下去,只能是一个平手。这样吧,就让公主自己挑选,它选谁,谁就是我的女婿了。"

金毛狮马上同意了狮王的提议,心想,我比小灰狮帅多了,公主肯定选我,仁义的小灰狮也没提出异议。金毛狮边擦脸上的汗,边频频向公主招手,向她传达自己的爱慕之情。小灰狮则先抱拳向擂台周围的观众致谢,然后便开始整理起擂台边因比赛而绊倒的几把椅子。

"孩子,你到底要选择谁?"狮王问正在犹豫不决的女儿。

擂台上的一切,显然公主也看在眼里,它沉思了很久,终于说:"我选择小灰狮!"

哲思 古人曾说:"凡议婚者,当先察婿与妇之性行及家法如何,勿苟慕其富贵,婿苟贤矣,今虽贫贱,安知异时不富贵乎?苟为不肖,今虽富贵,安知异时不贫贱乎?"然而在现代社会,越来越多的少男少女把容貌看成了自己择偶的最高标准,只图对方容貌的漂亮、美丽,只图对方所谓的"酷"、"帅",就草率结婚。其实,夫妻之间的感情,如果只靠容貌肯定是维持不了多久的,最美丽的外表在时钟的滴答声中,最终会苍老。如果择偶真要讲究、真要挑别的话,那就应该先挑别对方的人品。对于感情这方面来说,容貌,真的没那么重要。

失恋的女孩

别为逝去的爱情掉眼泪

一个清秀的女孩失恋了,她是如此地深爱着那个男孩,可是那个男孩却变了心,离开了她。她来到以前约会的公园,坐在那伤心地哭了起来。她哭得很悲戚,很多人看她伤心的样子,都耐心地劝她。可是,别人越是劝她,她越是觉得自己委屈,她不明白为什么男孩不再爱她了。

渐渐地,女孩逐渐由伤心变成了不甘心,又由不甘心变成了怨恨,她不甘心自己的爱为什么不能换来同样的回报,她怨恨他太狠心,太无情,义无反顾地抛下自己;同时也怨自己太软弱,太无力,没有本事把自己的爱人抢回来。她越哭越悲伤,最后陷于强烈的失落、自卑和悔恨中不能自拔。

一个长者知道她为什么而哭之后,并没有安慰她,而是笑道:"你不过是损失了一个不爱你的人,而他损失的是一个爱他的人。他的损失比你大,你为什么还要因为失去了这样一个人而感到不安呢?不甘心的人应该是他呀。再说,他已经不爱你了,你还有必要为他伤心,为他流泪吗?你要让这份失败的感情阻碍你今后的生活吗?"

姑娘听了这话,忽然一愣,转而恍然大悟。她慢慢擦干眼泪,决心重新振作起来,投入到新的生活中。

哲思 当爱情离我们远去的时候,我们要尽力挽留;当我们无法挽留的时候,最好的处理方式,就是忘掉,忘掉以前的愉快和不愉快。因为任何好的或不好的回忆,对于已经失恋的我们来说,都是一种心灵的刺痛。只有我们学会了忘记,才能真正得到解脱。有人说,经历了真正的爱之后,人才会成熟,而只有拥有成熟的心智的人,才有能力经营一份成熟的感情。因此,当爱已逝去不能回,那么就放手吧,别流泪,不论结果如何,只要我们真心付出过,坦诚地对待过往,也就没有什么可后悔的了。毕竟我们仍然年轻,还有很多时间和机会寻找爱，重新去爱。总有一份爱在未来的日子里期待着我们。

狐狸一家的婚姻生活

爱情死于相互间的冷漠

结婚后不久，狐狸太太便把月下老人请到家里，向他诉说了自己的忧伤：都说婚姻是爱情的坟墓，这话真是一点也不假。我和我丈夫在恋爱的时候可甜蜜了，但结了婚之后，一切都变了。我觉得婚姻很恐怖，我真后悔自己走进了这个围城。

"你们结婚才不到一年啊！为什么会变得这么快？"月下老人惊讶地问，"难道你们之间已经没有爱了吗？"

"我也不知道，我不确定我丈夫现在还爱不爱我。"

"你怎么会有这样的念头呢？"

"它一下班，不是看电视，就是看报纸，从未关心过我。"

"那你为他做过什么吗？"

"没有，他不理我，我凭什么理他？我平时也就是养养花，看到底是谁先沉不住气。"

"哦，我明白了。"月下老人岔开话题问道："能不能告诉我，你家院子里的玫瑰为什么开得如此娇艳？你是怎样照料它们的吗？"

"我对这玫瑰投入了不少精力和感情，除了按时浇水施肥外，还给它们栽枝、换盆；天气晴朗时，便把它们搬到屋外面，让它们吸收阳光；刮风下雨时，我又把它们搬到屋里，细心照顾，所以，它们比公园里的玫瑰开得鲜艳得多，这都是我付出的结果啊！"

"你为花付出了这么多，你为拯救自己的婚姻又付出过什么呢？"月下老人一下又转换了话题。

狐狸太太被月下老人的话震动了，它开始像滋养玫瑰那样去滋养它们的婚姻。她主动帮狐狸先生整理文件、擦皮鞋，狐狸先生也好像变了一个样似的，下班后准时回家，还常帮妻子打扫卫生，一起挑选喜欢的电视节目。从那以后，夫妻俩的生活渐渐变得有滋有味起来。

哲思 如果从外部攻破婚姻堡垒的是婚外情的话，那么从内部杀死婚姻的就是夫妻间的冷漠。婚姻就像是一团火，如果不随时往里面添柴，火苗终究会熄灭。如果双方都吝啬感情，舍不得及时付出，或是无视对方的存在，像两个陌生人一样。那么婚姻就会走到了尽头，爱情就彻底消失，或变成了仇恨。婚姻需要爱情来维持，在爱情当中，男女双方都不要吝啬自己的感情，你付出的越多。收获就越大；反之，爱情就会死于冷漠和遗弃。

痴情的海龟

无论贫穷还是富贵，对自己的另一半不离不弃

东海里，年轻的海龟夫妇过着幸福快乐的生活。日子虽然过得清苦，但小两口的感情极好，一直恩恩爱爱的，让东海的水族们羡慕不已。

后来，东海龙王与西海龙王之间发生了争执，两国之间爆发了战争，海龟先生被征召入伍了。三年之后，战争结束了，东海龙王战败，在战争中幸存下来的战士纷纷返回了故乡。不过，海龟先生却没回来。它的战友们有的说它死在战场上了，也有人说它成了西海龙王的俘虏，西海龙王见它有勇有谋，甚是喜爱，便让它做了西海的大将军……

海龟妻子面对各种谣传和各种诱惑，始终心静如水，因为它相信丈夫无论在怎样的环境下，都不会背叛它们的爱情的。光阴似箭，日月如梭，当青春已逝，皱纹爬满了额头时，海龟妻子才发现自己已不知不觉地在对丈夫的思念中度过了40个年头。一天，当海龟妻子在海边捕虾时，忽然发现有一只海龟从西面缓缓向自己游来。

"亲爱的，是你吗？"那只海龟突然朝它喊道。

"是的,亲爱的,你终于回来了!"海龟妻子听出了海龟先生的声音,飞快地迎上去,与丈夫拥抱在一起。

"你还是独自生活吗?"回到已阔别40年的家里时,海龟先生见家里还是自己去战场前的模样,禁不住问道。

"是的,我相信你会回来的。"海龟妻子说,"你被西海龙王抓走了是吗?还让你做大将军?"

"是的,为了留住我的心,它们不但给了我高官,而且还想把龟宰相的女儿赐婚于我,但后者被我拒绝了。当初答应当它们的将军,是因为我想活下来,活下来回到你身边。这次,西海龙王见我40年来对他忠心耿耿,终于对我放心了,他命令我带兵驻守海关,我这才得以有机会偷跑回来。"

"可是,你回到家里,就没有了官位,也没有了荣华富贵,只能和我一起靠捕小鱼小虾过日子了。"

"我知道,但我不后悔,因为在这世上,没有任何人,也没有任何东西比我们的爱情更珍贵,更值得我用生命来交换!"

哲思 这个故事是动物版的《白桦林》,只不过结局是团圆的。40年的分别,万水千山,沧海桑田,却最终没能隔断糟糠夫妻之间的深情,海龟妻子终于还是等到了海龟先生的回归。无论贫穷还是富贵,它们都守望着自己的爱情、忠于自己的爱情。海龟夫妻对爱情的忠贞不渝,给我们人类上了生动的一课——无论贫穷还是富贵,忠于爱情的人生才是美满的人生。

天使的爱情

纵使爱到发狂,也不能剥夺别人飞翔的权利

从前,有一位美丽的天使,她与一个男孩相爱了,男孩也深深地爱着她,于是,他们在山间建造了一间小屋,幸福地生活在一起。

天使有自己的职责,她要拯救世间的苦难。因此,天使常常不在家,只是把男孩一个人留在家里。但她真的很爱这位男孩,一有时间就飞过来陪伴他。

一天,天使与自己的爱人在山间散步。忽然,她说:"如果有一天,你不再爱我了,请你告诉我,我会离开你。因为没有爱的日子,我活不下去。那时候,我就会飞到另一个男孩的身边。"

男孩拉过天使,看着她的眼睛,坚定地说:"我永远爱你!"天使幸福地扑进了男孩的怀里。

但是从这之后,男孩却落下了心病,他总觉得天使说不定哪一天就会觉得自己不爱她了,然后她就会离开他,飞到另一个男孩的身边去。于是,一天晚上,男孩趁着天使熟睡的时候做了傻事——他把天使的翅膀藏了起来。男孩以为这样做,天使就再也不能离开自己了。

天亮以后,天使不见了自己的翅膀,生气地说:"把我的翅膀还给我!你为什么要这样?你不爱我了,你不爱我了……"

"我没有,我还是爱你的!我没有藏你的翅膀,真的,相信我好吗?"为了自己的爱情,男孩不惜撒谎。

但是,天使毕竟是天使,她一眼就看穿了男孩并不高明的谎言,高声叫道:"你骗人,你说谎,我再也不相信你了,你真的已经不爱我了!"

紧接着,天使找出了男孩藏在床下的翅膀,头也不回地飞走了。

男孩很难过,他后悔了,但天使已经离开了,不会再回来了,他只能独自坐到山头的风口上,默默地忏悔:"我真是傻啊!我竟然忘记了,纵然我爱你爱得发狂,也不能剥夺你自由飞翔的权利啊!我应该给你足够的自由,让彼此有喘息的空间。我现在真的懂了,可是,你还能回来吗?你飞得那么快,现在已经在另一个男孩的身边了吧。"

忽然间,天使出现了。她温柔地说:"我回来了,亲爱的!我再也不走了!"

"你真的不走了吗?你真的还爱着我吗?"

天使微笑着说:"我感觉到,你还是爱我的,对吗?只要你还爱着我,我就一直爱着你。"

哲思 爱一个人,就要给他空间。爱情是有独占性的,因此,我们的爱人时常需要从捆在他脖子上的爱的锁链里挣脱出来。如果我们能够帮助并支持我们所爱的人，那么我们就是在做一件使我们自己以及我们所爱的人都能感到快乐的事。如果我们爱得那么自私，把爱人当做自己的私有财产的话，结果只能适得其反，终有一天会逼得自己的爱人离开自己。

不愿回应爱情的少女

爱情不能只知索取

一位少女跪在花园里，一边哭一边虔诚地向上帝祷告，乞求上帝能降临在她面前。少女的虔诚打动了上帝，上帝终于出现了。

"孩子，你找我有什么事吗？"上帝慈祥地问少女。

看到上帝的降临，少女赶紧擦了擦眼泪，委屈地对上帝说："哦，仁慈的上帝，请您帮帮我。我爱他，可是，我马上就要失去他了。"

"虽然我是上帝，我也叫你说糊涂了。孩子，到底是怎么回事？请慢慢从头说吧。"

"他很爱我，每天早晨，他都会将一束玫瑰摆在我的门口；每天晚上，他都要来到我的窗前，为我献上一首令我心动的情歌。"

"这不是很好吗？"上帝说。

"可是最近一个月来，他再也没来过我家，再没为我送过一束鲜花，再没为我唱过一首歌。"

"那么，你究竟爱不爱他，你对他的爱有回应吗？"

"虽然我在心里深深地爱着他，但是，我从来没有表露过我对他的爱，我一直以冰冷掩饰着我内心的热情，我也不知道自己为什么会这样做，可能是怕我回应了他之后，就再也得不到这种被爱的感觉了吧。"少女说。

上帝听完少女的诉说后，把她带到了一间小屋里，并从小屋的柜子里拿出一盏灯，添了一点儿油，并点燃了它。

"请问，您点油灯干什么？"少女不解地问上帝。

"嘘——别说话,让我们看着它燃烧吧。一会儿你就明白了。"上帝示意少女先安静下来。

油灯嘶嘶地燃烧着,冒出的火苗欢快而明亮,一下就把整个小屋照得亮堂堂的。然而,慢慢地,灯芯上的火焰越来越小了,光亮也越来越暗了。"哦,该添油了。"少女提示上帝。

可是上帝仍示意少女不要动,任凭灯芯把灯油烧干。最后,灯油终于烧干了,灯芯烧了起来,忽然,屋子里变得更亮了,然而在灯芯烧尽之后,火焰终于熄灭了,屋子里暗了下来,只留下一缕青烟在小屋中缭绕。

少女迷惑地看着上帝。

"孩子,爱情也像这油灯,当灯芯烧焦之后,火焰自然就会熄灭了。要想让爱情之火燃烧下去,你就不能只知道索取油灯的光亮,要及时给灯添油啊!"上帝说。

哲思 爱是相互的给予,而不是一味的索取。爱情就像油灯一样,等油烧干后,如果你不及时添油,火焰终会熄灭。那个男孩就算再爱那个女孩,他的爱情之火能够烧多久呢?只有那个少女对他的爱及时作出回应,才能给男孩更多的动力,这就是那个女孩即将失去自己的爱的原因。爱情是两个人的事,绝不能只知索取不懂付出,要想爱情的"火焰"经久不熄,我们在得到的同时,也要及时地付出,给灯添油啊!